应急管理系列丛书

U0794645

应急物资装备与应急人员培训

方文林　主编

中国石化出版社

内 容 提 要

本书是《应急管理系列丛书》之一，结合 GB 30077—2013《危险化学品单位应急救援物资配备要求》介绍了应急物资装备的配备标准，根据 AQ/T 9008—2012《安全生产应急管理人员培训及考核规范》和国家安监总局的相关要求，阐述了应急管理人员培训的要求和内容。

本书适合于政府负有应急指挥和协调职能的各级领导、各级应急部门和安监部门具有应急管理职能的官员，政府和企业消防及应急救援队员，企事业单位安全、环保、应急人员培训学习；也可作为高等院校化工类专业和安全工程专业的教学参考用书。

图书在版编目(CIP)数据

应急物资装备与应急人员培训 / 方文林主编 .
—北京:中国石化出版社，2017.8(2025.6 重印)
(应急管理系列丛书)
ISBN 978-7-5114-4557-5

Ⅰ. ①应… Ⅱ. ①方… Ⅲ. ①物资储备-应急系统-研究 Ⅳ. ①F253.4

中国版本图书馆 CIP 数据核字(2017)第 167938 号

中国石化出版社出版发行
地址:北京市东城区安定门外大街 58 号
邮编:100011 电话:(010)57512500
发行部电话:(010)57512575
http://www.sinopec-press.com
E-mail:press@sinopec.com
北京科信印刷有限公司印刷
全国各地新华书店经销

*

850 毫米×1168 毫米 32 开本 2.75 印张 67 千字
2018 年 2 月第 1 版 2025 年 6 月第 4 次印刷
定价:15.00 元

《应急管理系列丛书》

编　委　会

前　言

近年来，一些特别重大的突发事件频繁发生，例如“12·23”开县井喷事故、“11·22”黄岛原油管道泄漏爆炸事故、“8·12”滨海新区危化品仓库爆炸事故等，给人们的生命安全、生存环境和财产造成了巨大的损失，同时也造成了极大的社会影响。国家和地方政府高度重视，出台了一系列应急法律法规、国家标准、行业标准和地方标准，规范应急预案的编制管理、应急演练的组织评估、应急物资装备的配备维护、应急管理的推进提高等工作。

如何应对和处置突发事件，是人类社会面对的重要课题。为了防止和减少生产安全事故，保障人民群众生命和财产安全，针对政府和企事业单位日常应急管理和突发事件的处置，编者结合情景构建的最新要求，采用底线思维的方法，对事故风险进行评估，对政府和企业的应急资源进行调查，对政府、专业救援队伍和企业应急能力进行分析，对应急预案进行评估完善，对我国的生产经营单位应急预案编制、应急演练策划、应急物资整备、应急培训、应急指挥和处置技术进行了全面的归类梳理，编写了《应急管理系列丛书》，包括：《情景式应急演练策划与组织》《情景式应急预案编制与管理》《应急物资装备与应急人员培训》《应急指挥与处置》《应急处置案例分析》五个分册。

本册为《应急物资装备与应急人员培训》，着重对应急文化进行了全面的层次化解析，明晰了应急文化要素间的互动关系及制约机制，提出了应急文化的建设重点，对规范政府、社会组织、企业和公众的应急思维观念与行为方式具有重要意义。同时引入了应急管理的概念及应急管理体系的建设内容。按照 GB 30077—2013《危险化学品单位应急救援物资配备要求》，明确了配备应急物资与装备的种类和数量，是政府和企业做好应急物资准备工作的依据。物资准备和人力资源准备是应急准备的主要内容，是应急管理的基础工作。本册还根据 AQ/T 9008—2012《安全生产应急管理人员培训及考核规范》和国家相关考核要求对政府应急管理人员以及企业的相关人员的应急培训给出了培训和考核的指导。

由于水平有限和时间仓促，书中不妥之处请各位提出宝贵意见和建议，以便再版时修正。

目录 CONTENTS

1 应急理念和应急文化

2 应急管理基础

3 危险化学品单位应急物资装备配备

4 应急人员培训及考核

附录

参考文献

1 应急理念和应急文化

1.1 应急理念

1.1.1 “红线”意识

六大要点和十句“硬话”

六大要点

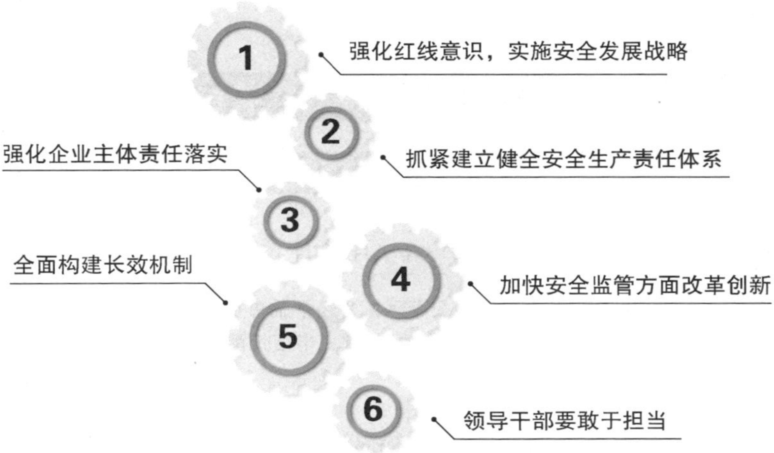

十句“硬话”

2013 年 6 月 6 日

人命关天，发展决不能以牺牲人的生命为代价。这必须作为一条不可逾越的红线。

2013 年 7 月 18 日

落实安全生产责任制，要落实行业主管部门直接监管、安全监管部门综合监管、地方政府属地监管，坚持管行业必须管安全，管业务必须管安全，管生产必须管安全，而且要党政同责，一岗双责、齐抓共管。

2013 年 7 月 18 日

当干部不要当得那么潇洒，要经常临事而惧，这是一种负责任的态度。要经常有睡不着觉、半夜惊醒的情况，当官当得太潇洒，准要出事。

2013 年 7 月 18 日

对责任单位和责任人要打到疼处、痛处，让他们真正痛定思痛、痛改前非，有效防止悲剧重演。造成重大损失，如果责任人照样拿高薪，拿高额奖金，还分红，那是不合理的。

2013 年 11 月 24 日

安全生产必须警钟长鸣、常抓不懈，丝毫放松不得，否则就会给国家和人民带来不可挽回的损失。

2013 年 11 月 24 日

必须建立健全安全生产责任体系，强化企业主体责任，深化安全生产大检查，认真吸取教训，注重举一反三，全面加强安全生产工作。

2013 年 11 月 24 日

所有企业都必须认真履行安全生产主体责任，做到安全投入到位、安全培训到位、基础管理到位、应急救援到位，确保安全生产。

2013 年 11 月 24 日

安全生产，要坚持防患于未然。要继续开展安全生产大检查，做到“全覆盖、零容忍、严执法、重实效”。要采用不发通知、不打招呼、不听汇报、不用陪同和接待，直奔基层、直插现场，暗查暗访，特别是要深查地下油气管网这样的隐蔽致灾隐患。要加大隐患整改治理力度，建立安全生产检查工作责任制，实行谁检查、谁签字、谁负责，做到不打折扣、不留死角、不走过场，务必见到成效。

2013 年 11 月 24 日

要做到“一厂出事故、万厂受教育，一地有隐患、全国受警示”。

2015 年 8 月 15 日

血的教训极其深刻，必须牢牢记取。各生产单位要强化安全生产第一意识，落实安全生产主体责任，加强安全生产基础能力建设，坚决遏制重特大安全生产事故发生。

1.1.2　应急意识

每当突如其来的灾难发生时，永远把人民群众的生命安全和身体健康放在第一位，树立“人命至上，控制事故，查明原因，追究责任”的应急意识。

1.1.2.1　安全事故重要指示

2015年8月12日，天津滨海新区某公司危险品仓库发生爆炸。

国家领导人立即作出重要指示，要求天津市组织强有力力量，全力救治伤员，搜救失踪人员；尽快控制消除火情，查明事故原因，严肃查处事故责任人；做好遇难人员亲属和伤者安抚工作，维护好社会治安，稳定社会情绪；注意科学施救，切实保护救援人员安全。国务院速派工作组前往指导救援和事故处理。各地要汲取此次事故的沉痛教训，坚持人民利益至上，认真进行安全隐患排查，全面加强危险品管理，切实搞好安全生产，确保人民生命财产安全。

2015年5月25日，河南平顶山市鲁山县某老年公寓发生火灾。

国家领导人立即作出重要指示，要求河南省和有关部门全力救治受伤人员，妥善做好遇难者善后和家属安抚工作，并查明事故原因，依法追究事故责任。各地区和有关部门要牢牢绷紧安全管理这根弦，采取有力措施，认真排查隐患，防微杜渐，全面落实安全管理措施，坚决防范和遏制各类安全事故发生，确保人民群众生命财产安全。

2015 年 2 月 4 日，台湾某航空一架 ATR72 轻型民航客机在执飞台北至金门航线时失事，坠于台北市与新北市交界处的基隆河。

国家领导人迅速作出重要指示，要求尽快准确掌握相关情况，积极协助开展伤员救治，做好家属安抚、善后处理等工作。

2014 年 12 月 31 日，上海市黄浦区外滩在群众自发进行的迎新年活动中发生拥挤踩踏事件。

国家领导人立即作出重要指示，要求上海市全力以赴救治伤员，做好各项善后工作，抓紧调查事件原因，深刻吸取教训。春节、元宵节将至，不少地方都有一些群众聚集娱乐活动，各地一定要把人民群众生命财产安全放在第一位，精心组织安排，确保安全措施到位，坚决避免类似事件发生。

2014 年 8 月 2 日 7 时 37 分，江苏苏州昆山市开发区某金属制品公司汽车轮毂抛光车间发生爆炸。

国家领导人立即作出重要指示，要求江苏省和有关方面全力做好伤员救治，做好遇难者亲属的安抚工作；查明事故原因，追究责任人责任，汲取血的教训，强化安全生产责任制。正值盛夏，要切实消除各种易燃易爆隐患，切实保障人民群众生命财产安全。

2014 年 3 月 8 日，马来西亚航空公司一架波音 777 型客机（MH370）与地面失去联系。

国家领导人立即作出重要指示，要求外交部和我有关驻外使领馆加强与所在国有关部门的联系，密切关注搜救进展情况，全力做好应急处置和中国公民善后工作。交通运输部、民航局等有关部门要立即启动应急机制，积极配合做好相关工作，并进一步加强民用航空领域的安全检查，确保民用航空运行绝对安全。

2013年11月22日青岛经济技术开发区黄潍输油管线一输油管道发生原油泄漏。

国家领导人作出重要指示，要求山东省和有关方面组织力量，及时排除险情，千方百计搜救失踪、受伤人员，并查明事故原因，总结事故教训，落实安全生产责任，强化安全生产措施，坚决杜绝此类事故。

11月24日，国家领导人指出，安全生产必须警钟长鸣、常抓不懈，丝毫放松不得，否则就会给国家和人民带来不可挽回的损失。必须建立健全安全生产责任体系，强化企业主体责任，深化安全生产大检查，认真吸取教训，注重举一反三，全面加强安全生产工作。这次事故给人民群众生命财产造成严重损失，令人痛心。要尽全力救治受伤人员，妥善安排遇难者后事，安慰好家属，安置好群众生活。对这次事故要抓紧调查处理，依法追究相关人员责任。

全国多个地区接连发生多起重特大安全生产事故，造成重大人员伤亡和财产损失。

2013年6月6日，国家领导人就做好安全生产工作作出重要指示，接连发生的重特大安全生产事故，造成重大人员伤亡和财产损失，必须引起高度重视。人命关天，发展决不能以牺牲人的生命为代价。这必须作为一条不可逾越的红线。国务院有关部门将这些事故及发生原因的情况通报各地区各部门，使大家进一步警醒起来，吸取血的教训，痛定思痛，举一反三，开展一次彻底的安全生产大检查，坚决堵塞漏洞、排除隐患。要始终把人民生命安全放在首位，以对党和人民高度负责的精神，完善制度、强化责任、加强管理、严格监管，把安全生产责任制落到实处，切实防范重特大安全生产事故的发生。

2013年6月3日吉林省德惠市米沙子镇某禽业公司发生特别重大火灾事故。

国家领导人作出重要指示，要求全力以赴组织救援，千方百计救治受伤人员，最大限度减少人员伤亡，认真做好遇难者的善后工作。要查明事故原因，依法追究责任；深刻总结教训，采取有效措施，坚决防止重特大事故发生。

1.1.2.2 自然灾害重要指示

2015年8月12日，位于商洛市山阳县中村镇烟家沟村的某公司生活区发生山体滑坡。

国家领导人对此高度重视，立即作出重要指示，要求全力组织搜救被埋人员，尽最大努力减少人员伤亡，防范次生灾害发生，做好失踪人员亲属和受灾人员的安抚安置工作。

2015年7月3日，皮山县发生6.5级地震。

国家领导人要求全力救治伤员，安排好群众生活，抓好抗震救灾，恢复和重建家园。并对新疆维吾尔自治区和田地区皮山县“7·3”地震灾区恢复重建工作再次作出重要指示，强调在这次震灾中有群众伤亡，基础设施和居民房屋损坏严重，给人民群众生产生活造成了很大困难，特别是灾区少数民族群众集中，自然条件差、贫困人口多、生产自救和灾后恢复重建能力弱，党中央和国务院及有关部门要把支持和帮助灾区恢复生产、重建家园作为加强民族团结、维护边疆稳定、加快少数民族脱贫步伐、加快当地经济社会发展的重大任务来抓，给予必要的特殊支持，首先要在入冬前解决受灾群众的住房问题，确保群众安全过冬。

2015年6月1日，重庆某轮船公司所属旅游客船在由南京驶往重庆途中，突遇龙卷风发生翻沉。

国家领导人立即作出重要指示，要求国务院即派工作组赶赴现场指导搜救工作，湖北省、重庆市及有关方面组织足够力量全力开展搜救，并妥善做好相关善后工作。同时，要深刻吸取教训，强化维护公共安全的措施，确保人民生命安全。

2015年4月25日尼泊尔8.1级地震和后续的余震，波及西藏自治区日喀则、阿里等边境地区。

国家领导人立即作出重要指示，要求西藏自治区党委、政府和有关部门迅速行动、全面部署，党政军警民协调配合，全力开展抗震救灾工作。

2014年11月22日，四川省甘孜藏族自治州康定市境内发生6.3级地震。

国家领导人立即作出指示，要求四川省和民政部等有关部门迅速组织力量，全力开展抢险救援，尽最大努力减少人员伤亡。军队、武警等有关方面要积极配合、大力支持地方开展抢险救灾工作。要加强震情监测，密切防范次生灾害。要妥善做好受灾群众安置工作，保障基本生活，确保安全过冬。

2014 年 10 月 7 日 21 时 49 分，云南省普洱市景谷县境内发生 6.6 级地震。

国家领导人高度重视，作出重要指示，强调有关地方和部门要全力以赴抢救受伤群众，要求驻地解放军、武警部队等有关方面迅速投入抗震救灾，妥善做好群众避险和安置工作，加强余震监测预报，密切防范次生灾害发生，把地震灾害造成的损失减少到最低程度，同时统筹做好鲁甸地震灾区重建工作，确保受灾群众安全过冬。

2014 年 8 月 3 日，云南省昭通市鲁甸县境内发生 6.5 级地震。

国家领导人立即作出重要指示，要求当前把救人放在第一位，努力减少人员伤亡，妥善做好群众安置工作。有关方面要抓紧了解灾情，组织群众避险，全力投入抗震救灾。要加强余震监测预报，密切防范次生灾害发生。

2014 年 2 月 12 日，新疆和田地区于田县阿羌乡发生 7.3 级地震。

国家领导人高度重视，立即指示当地和有关部门抓紧核实灾情，搞好应急救援，加强震情监测，最大限度保障各族人民群众的生命财产安全。

2013 年 9 月 29 日晚，我国广东台山籍 5 艘渔船在海南西沙珊瑚岛海域遇险。

国家领导人作出重要指示，要求广东、海南两省抓紧组织有关方面力量，全力搜救失踪人员和解救被困人员，尽最大努力减少人员伤亡，并做好遇难人员和失踪人员家属安抚工作，同时要求驻地部队和中央有关部门全力予以协助。

2013年8月14日以来，我国东北大部出现降雨过程，局部地区暴雨，引发洪涝等灾害。

国家领导人对东北地区防汛抗洪工作作出重要指示，指出各地党委政府、解放军和武警部队、广大干部群众迅速行动起来，积极组织开展抗洪抢险工作，力避洪灾造成更大危害。要防止麻痹、松劲思想，坚持抗灾到底。要把确保人民群众生命安全放在第一位，全力搜救失踪人员，及时组织受洪水威胁地区群众转移避险，妥善安排好受灾群众的秋冬生活，抓紧灾后恢复重建。

2013年4月20日，四川芦山发生7.0级地震。

国家领导人对军队和武警部队做好芦山地震救灾工作作出指示，强调灾情就是命令。要部署部队迅速投入抗震救灾第一线。各救灾部队要发扬我军能打仗、打胜仗的精神，全力抢救受困群众，全力救治伤员，努力防范次生灾害，积极配合地方做好受灾群众安置、灾区社会稳定等工作。

2013年4月19日我国部分地区发生人感染H7N9禽流感疫情。

国家领导人就做好疫情防控工作作出重要指示：各地区各部门务必高度重视，坚持把人民群众生命安全和身体健康放在第一位，切实加强疫情防控。疫情发生地区要把救治患者作为第一任务，努力减少死亡病例，同时做好流行病学观察、研究，严格控制传染源。要加大传染病防控知识和措施的普及落实，增强人民群众自觉防护意识，加快疫苗研发，发挥科技支撑作用，提高全社会科学防治水平。要加强对活禽和禽类产品检测，组织好生产、加工、保管、运输、供应工作，确保市场供应，确保居民食用安全卫生食品。要准确发布疫情信息，加强舆论引导，维护正常生产生活秩序。要把人们的注意力和精力引导、凝聚到贯彻落实党的十八大精神上来，切实做好各项工作，确保完成今年工作任务。

1.1.2.3 暴力恐怖案件重要指示

2014年3月1日，统一着装的暴徒蒙面持刀在云南昆明火车站广场、售票厅等处砍杀无辜群众。

国家领导人高度重视，立即作出重要指示，要求政法机关迅速组织力量全力侦破案件，依法从严惩处暴恐分子，坚决将其嚣张气焰打下去。要精心做好受伤和遇难群众的救治、善后工作。要深刻认识反恐形势的严峻性复杂性，强化底线思维，以坚决态度、有力措施，严厉打击各种暴力恐怖犯罪活动，全力维护社会稳定，保障人民群众生命财产安全。并指派相关领导和有关部门同志连夜赶赴云南指导处置工作，看望受伤群众和遇难人员亲属。

2014年4月30日，在新疆乌鲁木齐市火车南站站外发生一起爆炸案件。

国家领导人立即作出指示，必须深刻认识新疆分裂和反分裂斗争的长期性、复杂性、尖锐性，反暴力恐怖斗争一刻也不能放松，必须采取果断措施，坚决把暴力恐怖分子的嚣张气焰打下去。新疆维吾尔自治区要全力救治受伤人员，迅速侦破案件，严惩暴徒。要做好社会面的稳控工作，切实保障各族群众生命财产安全和正常工作生活秩序。

2014 年 5 月 22 日，有两辆无牌汽车在新疆乌鲁木齐市沙依巴克区公园北街一早市冲撞群众，此后两辆车发生爆炸起火。

国家领导人立即作出重要指示，要求迅速侦破案件，从严惩处暴恐分子；及时组织救治受伤群众，安抚受害者家属，全面加强社会面巡控和重点部位防控，严防发生连锁反应。对暴恐活动和恐怖分子必须警钟长鸣、重拳出击、持续保持严打高压态势，全力维护社会稳定。

1.1.2.4　政治局会议关于安全生产问题重要指示

2013 年 7 月 18 日，中央政治局第 28 次常委会。

国家领导人做了关于安全生产工作的重要讲话。第一，要强化各级党委和政府的安全监管职责。第二，要强化中央企业的安全生产责任。第三，要严格事故调查，严肃责任追究。第四，要抓好安全生产大检查。

2015 年 5 月 29 日，中共中央政治局第二十三次集体学习。

国家领导人强调牢固树立切实落实安全发展理念，确保广大人民群众生命财产安全。他指出，公共安全连着千家万户，确保公共安全事关人民群众生命财产安全，事关改革发展稳定大局。要牢固树立安全发展理念，自觉把维护公共安全放在维护最广大人民根本利益中来认识，扎实做好公共安全工作，努力为人民安居乐业、社会安定有序、国家长治久安编织全方位、立体化的公共安全网。

2015 年 6 月 4 日，中共中央政治局常务委员会召开会议。

会议听取了国务院事件救援和处置工作组关于“东方之星”号客轮翻沉事件救援和应急处置工作情况的汇报，就做好下一步工作作出部署。国家领导人主持会议并发表重要讲话。会议强调，各有关方面要以对人民生命安全高度负责的态度，动员一切可以动员的力量，采取一切可以采取的措施，争分夺秒抓紧做好各项工作。当前，要抓好以下工作：一是要继续做好人员搜救和伤员救治。要坚持把救人放在第一位。二是要深入细致做好善后工作。切实体谅家属悲痛心情、做好安抚工作，切实维护社会稳定。三是要严肃认真开展事件原因调查。四是要加强新闻宣传和舆论工作。要按照及时、准确、公开、透明的原则发布信息，主动发布权威信息，回应社会关切。五是要加强对事件处置工作的组织领导。

1.1.3 总体国家安全观

2014 年 4 月 15 日，国家领导人主持召开国家安全委员会第一次会议，强调要准确把握国家安全形势变化新特点新趋势，坚持总体国家安全观，走出一条中国特色国家安全道路。总体国家安全观是我国对当前国际国内形势作出准确判断后提出的新国家安全观，将引领我国应对在政治安全、国土安全、军事安全、经济安全、文化安全、社会安全、科技安全、信息安全、生态安全、资源安全、核安全等各方面错综复杂的挑战。

1.1.4 科学发展安全发展

国务院 2011 年发布《关于坚持“科学发展安全发展”，促进安全生产形势持续稳定好转的意见》，第一次提出了检验衡量安全生产的标准是把“科学发展安全发展”贯穿到生产经营的每一个环节的概念。

科学发展安全发展的指导思想是：坚持以邓小平理论和“三个代表”重要思想为指导，深入贯彻落实科学发展观，牢固树立以人为本、安全发展的理念，始终把保障人民群众生命财产安全放在首位，大力实施安全发展战略，紧紧围绕科学发展主题和加快转变经济发展方式主线，自觉坚持“安全第一、预防为主、综合治理”方针，坚持速度、质量、效益与安全的有机统一，以强化和落实企业主体责任为重点，以事故预防为主攻方向，以规范生产为保障，以科技进步为支撑，认真落实安全生产各项措施，标本兼治、综合治理，有效防范和坚决遏制重特大事故，促进安全生产与经济社会同步协调发展。

坚持科学发展安全发展的原则是统筹兼顾，协调发展。依法治安，综合治理。突出预防，落实责任。依靠科技，创新管理。

安全是发展的生命线，一人出事故，全家受伤害。一厂出事故，万厂受教育。守护安全，就是守护我们每个人的生命线。

1.1.5 安全也是生产力

安全也是生产力，它符合生产力要素的描述，与其他生产力要素密不可分并直接影响生产力发展水平。它能够减少人类社会发展的代价；提高经济效益，促进生产力发展；维护社会稳定，为生产力发展创造良好的社会环境。

安全科学虽不是现实的直接生产力，但是它可以使人们有效地预防和控制安全事故的发生，使人类避免在社会发展中付出不必要的代价，从而产生巨大的物质效益，推动社会的发展。安全科学的发展为生产管理提供了崭新的科学理论、方法和手段，使生产力诸要素更有效地组成一个整体，从而使其最大限度地发挥作用。很明显，安全与其他科学技术一样，是一种潜在的生产力。

1.1.6　马斯洛安全需求理论

马斯洛需求层次理论(Maslow's hierarchy of needs)，也称"基本需求层次理论"，是行为科学的理论之一，由美国心理学家亚伯拉罕·马斯洛于 1943 年在《人类激励理论》论文中所提出(图 1-1)。

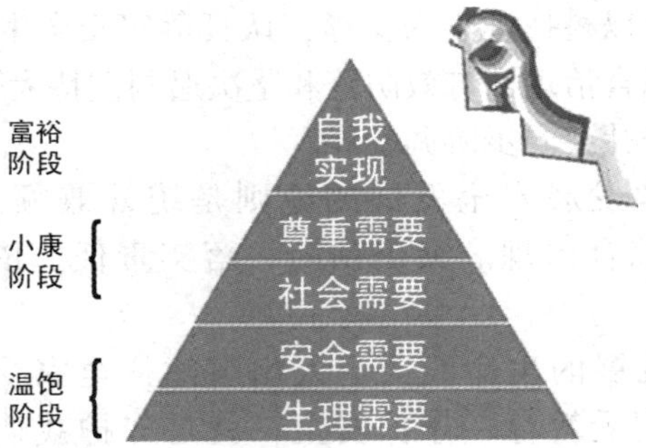

图 1-1　马斯洛需求层级理论

马斯洛认为，人类的需要是分层次的，由低到高。它们是：生理需求、安全需求、社交需求、尊重需求、自我实现需求。

生理需求是生理上的需要，是人们最原始、最基本的需要，如空气、水、吃饭、穿衣、性欲、住宅、医疗等。若不满足，则有生命危险。这就是说，它是最强烈的不可避免的最底层需要，也是推动人们行动的强大动力。

安全需求是安全的需要，要求劳动安全、职业安全、生活稳定、希望免于灾难、希望未来有保障等。安全需要比生理需要较高一级，当生理需要得到满足以后就要保障这种需要。每一个在现实中生活的人，都会产生安全感的欲望、自由的欲望、防御的实力的欲望。

人类安全上的需求，包括对以下事物的安全需求：人身安全、健康保障、资源所有性、财产所有性、道德保障、工作职位保障、家庭安全。

马斯洛认为，整个有机体是一个追求安全的机制，人的感受器官、效应器官、智能和其他能量主要是寻求安全的工具，甚至可以把科学和人生观都看成是满足安全需要的一部分。当然，当这种需要一旦相对满足后，也就不再成为激励因素了。

1.1.7　多米诺骨牌原理

“作业安全”研究的专家——最有名的是美国的海因利希，他以五个骨牌为例，来说明生产事故发生的原理(图 1-2)。

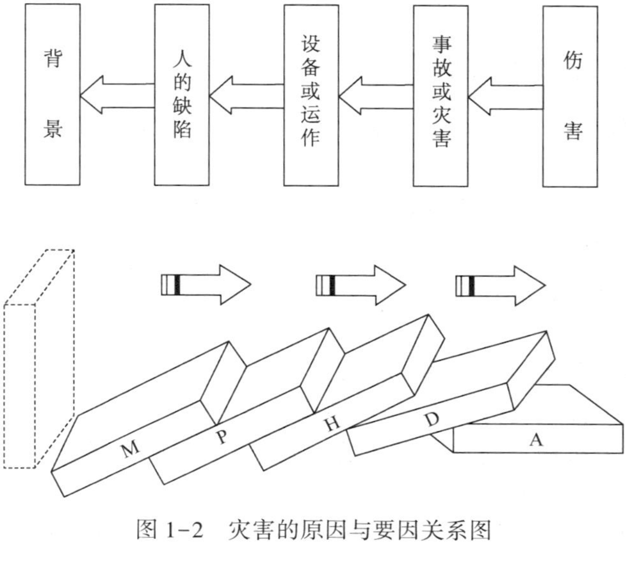

图 1-2　灾害的原因与要因关系图

第五个骨牌是"伤害"要因。这个骨牌倒下去时，就表示作业伤害发生，而产生作业伤害发生的原因，乃是因第四个骨牌倒下去后所受的波及。

第四个骨牌是"事故或灾害"的要因，发生事故、灾害时，其结果必会造成伤害，而第四骨牌的倒下是因为第三骨牌的倒下，而受到牵连。

第三个骨牌是"设备"与"动作"的要因。灾害与事故的发生，是因为设备或作业动作有问题，才会产生，而这个骨牌的倒下是受第二个骨牌的影响。

第二个骨牌是"人的缺陷"的要因。人的缺陷是指人的身体状况不良、作业和知识的不足、作业态度的不良。而第二个骨牌是因为第一个骨牌而倒下。

第一个骨牌是"背景"的要因。人原本就有自己的生活环境、生活习惯、居住的条件与工作的条件，第一个要因"人的缺陷"之所以会发生，这是个人的背景、条件所产生的结果。

1.1.8 事故致因理论

能量意外释放理论。事故是一种不正常或不希望的能量释放。预防和控制危险化学品事故就是在能量或危险物质意外释放的情况下，控制、约束能量或危险物质，防止人体与之接触，或者一旦接触，将作用于人体或财物的能量或危险物质尽可能得小，使其不超过人或物的承受能力。系统安全观点的事故因果连锁图如图 1-3 所示。

物的原因(不安全的状态)：

(1) 设施的构造不良(如地板容易滑倒)；

(2) 机械、器具、设备的缺陷(不完全的机械设备与工具，常是造成员作业伤害的最主要原因)；

(3) 通道与作业点的条件不良(如狭窄的通道与不安定的作业点，也是常发生事故的原因)；

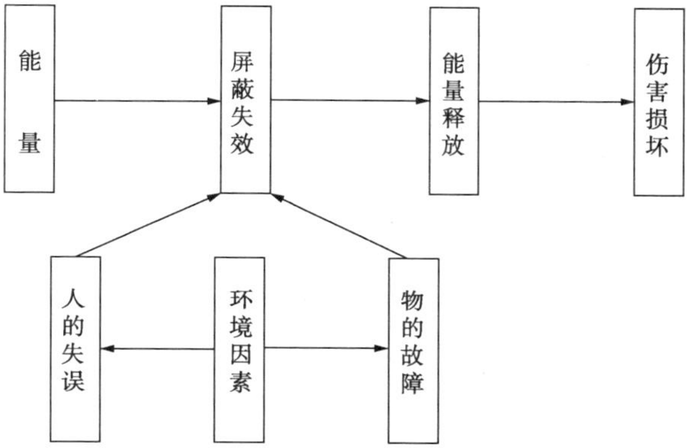

图 1-3　系统安全观点的事故因果连锁图

（4）安全的装置与标志不良；

（5）采光与照明的不完全；

（6）工厂内部的整顿与清扫工作没有彻底执行；

（7）作业空间不充足；

（8）材料或部分半成品的不良(工厂也经常因半成品或材料的不良，而造成作业迟滞与事故的发生)；

（9）作业的安全道具与护具的不良或完全不具备(经常看到有些工厂的员工，不知是穿戴安全护具会妨碍作业还是企业为了节省经营费用而不提供安全装备，要知道安全装备的穿着，对灾害或事故的发生，都可以减轻最大的受害)；

（10）其他的条件。

人的原因(不安全的状态)：

（1）程序的分配、作业的方式、作业时间等条件的安排有不合理的问题产生；

（2）基本作业知识与技术的不足；

（3）工厂内的作业指导与教育培训工作未彻底执行；

（4）员工对工厂的规则与上司的指示不重视，或管理者对作业规则与命令的执行疏于管理(如员工安全作业装备的不彻底穿着、机械运转速度经常超越规定的限制)；

(5) 作业态度一般行为不良(不在乎工作态度与不良的私生活与行为)；

(6) 作业动作与姿势的不良(作业处于不合理的位置、危险的动作与不良的作业姿势，都是影响其他同事的作业与造成事故的原因)；

(7) 员工感情的兴奋与情绪的起伏；

(8) 员工身体的不适；

(9) 员工身心不平衡(如与同事之间产生不和、对家庭所产生的担心)；

(10) 共同作业上的联络不充足。

1.1.9 两类危险源理论

第一类危险源是指系统中存在的、可能发生意外释放的能量或危险物质。第一类危险源具有的能量越多，发生事故的后果就越严重。一般情况下为控制系统中的能量或危险物质而采取相应的约束和限制措施，这些使约束和限制措施失效、破坏的原因因素称为第二类危险源。两类危险源共同决定危险源的危险性。

1.2 应急文化

安全文化是在人类生存、繁衍和发展的历程中，在其从事生产、生活乃至实践的一切领域内，为保障人类身心安全(含健康)并使其能安全、舒适、高效地从事一切活动，预防、避免、控制和消除意外事故和灾害(自然的、人为的或天灾人祸的)；为建立起安全、可靠、和谐、协调的环境和匹配运行的安全体系；为使人类变得更加安全、康乐、长寿，使世界变得友爱、和平、繁荣而创造的安全物质财富和精神财富的总和。企业安全文化(enterprise safety culture)是被企业组织的员工群体所共享的安全价值观、态度、道德和行为规范组成的统一体，是为企业在生产、生活、生存活动提供安全生产的保证。

应急文化是一定区域内突发事件与应急管理的相互作用在意识形态和行为规律方面的综合反映，主导着政府、社会组织、企业和公众的思维观念与行为方式。应急文化属“软”实力，但具有“硬”功能，良好的应急文化有助于提高政府和社会应对突发事件的能力。

危险化学品安全领域，在发展安全文化过程中，意识到预防危险化学品事故必须加强企业的安全文化建设。而应对发生的工业事故，开展应急响应活动，减少事故损失，必须强化企业的应急文化建设。在应急管理体系中，预防、预备、预测、预警、响应和恢复是一个统一的整体，具有平战结合的特点。企业必须预防事故在先，采取各种手段和措施防患于未然；应急响应在后，发生事故不能任其发展，必须启动应急预案，开展应急救援，将损失减至最小。安全文化建设是预防事故必须强化的工作，而应急文化是应对事故发生需要强化的工作，日常的应急管理亦具有预防事故的职能。所以，应急文化是安全文化的完善和发展，安全文化和应急文化又作为企业文化的重要组成部分。

1.2.1 应急文化的层次化解析

应急文化是一个复杂的社会巨系统，要素种类繁多、功能各异，具有关联复杂的层次结构关系和作用机制。应急文化结构是指系统要素的存在方式与关联关系。沙因文化理论将文化结构划分为符号层、外显价值观层和潜在假设层，明晰了文化要素间的互动关系及制约机制，对层次化解析应急文化极具指导意义。借鉴该理论，可建立如图 1-4 所示应急文化结构。

符号层，指与应急相关的活动及物质与精神产品的总和，具有结构性和功能性，直接引导和支撑着应急主体的行为活动；外显价值观层，指程序化、标准化的行为秩序和应急模式，内容对

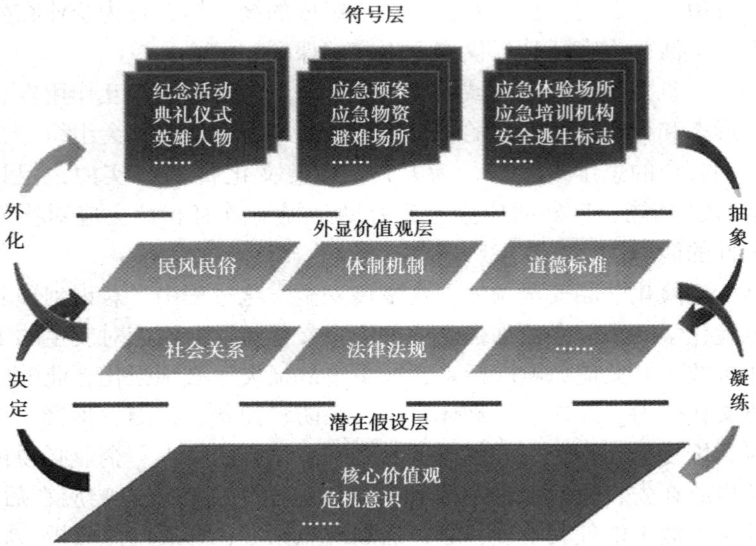

图 1-4　应急文化结构示意图

内部成员是共知的、可视的，具有体系性，规范和约束着政府、社会组织和公众的应急行为范式；潜在假设层，指国民的应急核心价值观及危机意识，具有含蓄而强烈的主观意愿，决定着个人和组织的应急行为动机。

符号层是外显价值观层的外化；外显价值观层是符号层与潜在假设层交互作用的载体，既是符号层抽象出来的制度和规范，又凝练为潜在假设层的机制；潜在假设层是应急文化的中枢，通过思想意识决定着应急行为，是符号层和外显价值观层形成和发挥作用的重要基础。结构合理的应急文化，能够有效地强化人本意识和忧患意识，促使社会自觉养成预防性思维，助力国家应急能力建设。

1.2.1.1　符号层

应急预案体系精细化可操作，培训标准化重实践，信息全面协同，物资储备社会化，符号标志丰富易懂。

预案体系：定位国家战略，内容衔接联动，组织权责清晰，可操作性较强。美、日、德三国将预案定位为国家战略的执行措施，注重功能发挥，并根据形势变化即时修订，体现出较强的适应性。美国立法先行，把预案定位为应急管理体系的组成部分，是识别风险，制定、检验、执行并动态修订的工作过程，而非形式本身。为保证有效性，预案由基础预案和附件构成，且有专门指南文件指导编制和维护工作。同时，基于应急管理全过程，注重预案的层次性及其外部支持体系的建设，规定预案纵向与横向的衔接，以增强操作性。例如，《国家响应框架》(Nanonal Response Framework，NRF)是预案之上的制度性设定，确定国家战略目标，指导应急管理及预案体系建设，联邦和地方的行动预案是识别、评估本地风险后制定的执行方案。日本以预案为指导，明晰政府、职能部门、企业、社会团体及公民的防灾职责和任务，确立应急响应机制。德国实行严格的预案管理制度，所有应急行动必须严格按照预案执行，但过度依赖规则一定程度上降低了应急管理体系的柔性。

应急信息系统：权威机构负责，先进技术支撑，应急信息全面协同。美、日、德三国由国家层级的应急管理机构牵头，突破“数据孤岛”，整合职能部门分散的信息系统为统一的国家危机信息系统，涵盖突发事件的监测与预警、应急准备与响应(协调决策、指挥调度、处置支持)、事后恢复与重建等环节。日本中央政府设有内阁信息中心，负责防灾通信网络建设，并允许公众进入民用情报系统，了解危险源分布、灾害信息、应急政策、应急知识等，基本实现了应急信息的社会化。德国借助现代信息技术，将“危机预防信息系统Ⅰ”建成平战结合的指挥系统，集中向社会提供应急信息。同时，进一步开发出授权使用的“危机预防信息系统Ⅱ”，整合精简各部门、各领域的应急信息，生成多功能交互式态势图，以便被授权主体获取最新的突发事件态势并快速联动。

物资储备： 专设机构管辖，依靠信息系统，多元化储备结构。美国联邦应急管理署（Federal Emergency Management Agency，FEMA）下设的后勤保障委员会（Logistics Managemcnt Directorate，LMD），作为专门责任机构和总协调人，整合政府与社会的应急资源，储备与调配应急物资，提高应急物资的管理效率。同时，FEMA依托多个信息系统支持应急物资和服务的获取与运输。日本建立应急物资储备和定期轮换制度，预先设置储备点，建设储备库，并支持应急产业发展，研发了丰富的应急产品。通过"灾前合同制"，利用现代商业物流体系，实现政府储备与企业储备、实物储备与生产能力储备的有机结合。此外，日本公众高度重视应急物资储备，家庭常备若干装有食品、饮用水、药品、绳索、口哨等的"防灾袋"，并定期检查更换。多元化的物资储备结构大幅提高了应急物资管理的效率和有效性。

应急教育培训： 有序化组织，专业化培训，实战化演练，社会化参与。美、日、德三国明确目标、对象、内容和方式，有序组织应急教育培训，基本实现教育培训体系的全覆盖。德国从中央到地方专设应急培训机构，按照"问题—计划—实施—检查—反馈"的模式，开展问题导向、分层次的专业技能培训；日本政府在中央、都道府县、市町村3级灾害应对计划中，都明确了常态化应急教育培训的要求。德国标准化开发横跨应急管理全过程的模块化培训课程，并根据对象的角色、职能、素质等制定培训计划，提高应急培训的针对性和有效性。

除情景模拟、桌面推演等实战特征明显的培训外，德国还增设了联邦政府主导的跨州、跨地区应急指挥的演练课程，极大地提高了国家的大规模突发事件响应能力。日本自小学即开设形式灵活的应急课程，从小培养国民的应急意识及能力。依托志愿者组织，在不同人群中开展自学和帮教。借助有效的防灾通信网络体系，及时传播权威、专业的应急信息。建设大量社区应急避难场所，设置丰富易懂的逃生救援标志，在防灾日举国开展防灾演习，基本形成全民宣教、社会参与的应急文化氛围。

1.2.1.2 外显价值观层

建立高效的组织形式与机制，依靠完善的法制保障，塑造政府、社会组织与公众协同合作的应急处置模式。

应急法制保障：法律体系系统完备，权责明确，标准化应急管理流程。日本颁布《灾害对策基本法》作为基本法，配套基于灾害周期的各类专门法，形成协调配合、权责明确、操作性强的应急法律体系。基本法详细规定了中央、都道府县、市町村、公共团体、企业和公民的权利义务及协作关系，标准化应急管理流程。例如，福岛核事故中，日本首相依法宣布进入国家紧急状态，成立中央政府对策本部，核电站的建造与运营企业依据《核灾害特别措施法》，承担通报信息、防止核灾害发生的法律责任，但应急响应过程中也暴露出日本的核信息公开、应急国际合作等法律规定的缺失。信息公开是社会有效参与的重要保障，美国专门颁布《信息自由法》，明确规定政府信息以公开为原则，以不公开为例外，保障公民获取应急信息的权利。

社会参与机制协同治理，多样化组织形式，全过程社会参与：社会组织反应迅速、灵活性高，能有效满足个人和家庭的心理与精神健康服务等特殊需求，拓宽了社会参与应急的渠道。美、日、德通过制度建设引导“减灾社区”“市民军团”、红十字会、志愿者组织等社会组织全过程参与，弥补政府服务功能的不足，有效提高了国家应急能力。美国“卡特里娜”飓风暴露出联邦政府对州政府指挥、控制及协调能力的不足，但显示了政府与社会组织间良好的协同合作关系。日本通过政府、企业、专业机构、公众“四位一体”的应急合作机制，建立了跨区域应急救援协同体系，联合应急深入基层(所有的都道府县签订了 72 小时相互支援协议，90%以上的市町村签订了相互支援协议)。日本各町和社区都成立了“居民防灾议会”志愿组织。并列入政府《防灾规划》，借助政府资助和学术机构支持，开展日常应急管理。

1.2.1.3 潜在假设层

以社会核心、价值观为引领，继承和弘扬历史文化传统，培育社会危机意识和预防性思维。

政府主导，核心价值观引领，吸取传统文化思想，培养全社会的应急意识。受具有自我道德约束和爱心培养作用的宗教文化的感召，美国政府及社会推崇个人主义、物质利益及自由竞争，追求合作与自律、平等与正义、爱心与帮助、责任与使命，加之良好的社会结构和周密的契约关系，其法治大厦稳固矗立。日本自然资源匮乏且灾害多发，政府以“自救、共救、公救”为核心，培育全民的危机意识，公众养成坚韧、冷峻的性格，形成了天人合一、敬畏自然、长期导向的应急价值观和预防性危机意识。受宗教改革和普鲁士精神的影响，德国政府历来重视培育国民的应急意识和自救技能，一贯应用先进技术精细化利用有限资源，国民尊重计划、重视质量、强调纪律性与自觉性，形成了应急法律及预案体系实施的意识基础。

培养现代公民伦理价值观、公共安全意识、危机意识及系统理念，积淀应急文化的潜在假设。现代公民伦理价值观以义务为基本特征，提倡“以人为本”的生命伦理观、主体精神、契约精神、权利与义务平等。公共安全意识促使公众主观认可和客观遵守应急法律、道德、公共秩序等行为规范，表现出“主人翁”精神，推动社会组织的形成和发展，实现国家、社会组织与公众协同预防和应对突发事件。在危机意识及系统理念主导下，应急管理工作重心前移，强调应急准备，注重全过程应急管理。

1.2.2 应急文化的建设重点

培育中国应急文化应坚持文化自觉、开放创新，创造性传承、转化和弘扬中华民族的传统智慧和文化思想，以及人类卓越的共性理念，借鉴先进的应急经验，重构应急文化的符号、外显价值观和潜在假设的内容。突破一贯制管理思维，突出治理理念，加强国际交流，积极主导和参与区域防灾、减灾、救援项目，展示良好国际形象。系统集成技术、经济、管理和法律等，确立和实施社会参与制度，完善应急符号和社会规范，摒弃非理性群体意识，倡导制度化诉求表达，培养国民的危机意识和自救互救能力，形成长期导向的应急核心价值观。

一是，构建政府主导、社会参与、流程驱动、机制保障的应急文化培育模式。

应急文化培育是应急核心价值观潜移默化、关键事件触发推动的旋进式改进过程，应明确政府、企业、非政府组织和公众等应急主体的角色和定位，强化体制机制保障，逐步实现合作共治。自上而下总体设计与自下而上需求驱动相结合，明确部门、层级间的责、权、利分配机制，完善监督反馈机制和问责机制，提高应急文化培育的针对性和实效性。树立“有限政府、合作互助”的思想，发挥政府垂范、公务员表率的作用，创新社会参与机制，激发企业、非政府组织等利益相关者的主观能动性，加强第三方监督与评估，形成立体交互的社会监督体系。以监控监测、预测预警、应急响应和恢复重建为主线，构建基于组织和任务环境(如经济水平、文化特征、突发事件类型及频次等)的应急管理流程，实现信息、技术、组织、资源等的系统集成与优化配置，推动政府、企业、非政府组织与公众等快速有效地参与应急，促进应急知识的传播和应急意识的强化。

二是，完善应急预案，优化应急管理信息平台，充分发挥媒体的功能作用，构建层次化的应急教育培训体系。

(1) 明确应急预案定位，把握预案间的衔接与联动关系，统筹应急管理全过程，重塑预案体系。将预案定位于国家安全战略的执行措施，基于法制、体制、机制在前，预案在后的原则，规范修订程序，增强内容的可操作性。以权责分配和资源配置为核心，详细表述政府、企业、非政府组织和公众等应急主体的责任、权利和义务，确保上位规范的指导性。理顺政府职能部门间的协作关系，确定监控监测、预测预警、应急响应和恢复重建等阶段的工作流程，优化应急组织体系的运行机制。厘清上下级及横向预案间的衔接与联动关系，统筹专项预案，制定标准化的实施方案，推动形成精细化可操作的应急预案体系。

（2）规范信息报送格式与流程，集成各类应急服务系统。优化构建综合应急管理信息平台。权威、及时、透明、全面的应急信息是快速有效应对突发事件的有力支撑。标准化应急信息报送格式与流程，调整分部门逐层上报的机制，允许下级部门在特殊情况下越级上报。以平战结合为原则，综合运用物联网、移动互联网、大数据、云计算等现代信息技术，优化整合不同部门和行业的应急信息服务系统。完善应急管理案例库、数据库、模型库、方法库等，开发针对应急管理全过程且界面友好的信息服务子系统，打造社会化的综合应急管理信息平台，加强政府、企业、非政府组织和公众间的信息沟通，完善应急信息服务体系。

（3）明确应急物资管理主体，以“化整为零、分级代储”为原则，完善非结构性的应急物资储备体系。基于综合应急管理信息平台，建立应急物资管理系统，实现政府和社会应急物资信息的汇总与协调。成立由改革、经贸、民政、财政、建设、水利、卫生、环保、安监、公安等部门组成的应急物资领导小组，作为应急物资管理的责任主体，统一管理应急物资的储备与调配。制定实施持续支持和补偿政策，施行多元化的物资储备制度，与企业签订标准化行政合同，实现政府储备与企业储备、实物储备与生产能力储备的有机结合。同时，积极引导公众储备家庭应急物资。

（4）完善应急设施及应急符号，丰富应急体验，构建分层次、差异化、重实践的全民应急教育培训体系。确立政府、大学、社会团体的文化担当，明确应尽的社会责任，引导中国应急文化培育。学校开设灵活多样、内容丰富的应急管理课程，提高学生的安全意识和应急能力，培养应急知识传播的生力军。发挥国家行政学院应急管理培训中心的指导和引领作用，设立省级应急管理培训中心，分层次、全过程、专业化培训应急决策、指挥和执行人员，设立社区应急培训机构，差异化培训企业、非政府组织等的人员，以及志愿者和公众，形成一体化、广覆盖的国家应急教育培训体系，广泛提高各类人群的应急意识和技能。理论与实务相结合，开发模块化的课程体系，通过专题研讨、桌面推演、职能演练、技术演习等，提高培训成效。高标准配备应急设备设施，设置统一易识的逃生救援标志，改造现有公园、绿地、广场、体育场馆和学校等，使之兼具应急功能。建设应急文化主题公园、社区防灾体验中心和应急纪念馆等，丰富公众的应急体验。

（5）确立和发挥媒体的功能作用，打造综合性公共信息系统，营造增强国民应急意识和技能的舆论氛围。系统整合移动互联网、电视、广播、平面媒体等，开发在线应急演练系统、大型开放式网络培训课程（Massive Open Online Courses，MOOC）和相关应急游戏等模块，打造综合性公共信息系统，多渠道及时发布应急政策、危险源分布、处置进程等权威性应急管理信息。考虑突发事件特点、媒体传播特征、目标受众心理等，利用公共信息系统，即时传播各类应急演练的场景、评估结果，以及预案体系的反馈改进工作，营造浓厚的应急准备氛围，培养公众的应急下意识和社会的应急自觉性。

三是，强调治理、平战结合，健全法律法规，建立社会协同应急机制，完善社会应急规范体系。

（1）目标引领，明晰权责，完善应急法律体系，充分发挥基础性和指导性作用。强化政府主导培育应急文化的意志，明确规划目标和战略部署，为培育中国应急文化提供动力和指南。坚持财权与事权相统一原则，完善应急问责机制与免责机制，鼓励勇于决策和依法响应。明确社会组织参与应急的地位、组织形式、权力、义务、资金来源等，引导和培育非政府组织规范发展，保障其合理有序地参与应急全过程。

（2）通过社会协同治理模式提高国家应急能力。在发挥政府主导作用的同时，强化现代政府的公共安全服务和社会行为引导职能，注重多方参与、协调互动、利益均衡，兼顾正式与非正式的制度安排，运用经济、法律、行政等多样化手段，激活社会组织，将自上而下的行政动员、自下而上的社会动员与水平方向的市场动员有机结合，实现政府与社会组织应急行为的良性互动，形成社会协同治理模式。

（3）创新应急的市场参与机制，发挥社区、国有企业的作用，助力应急文化建设。充分利用社会资本，推动政府、企业与社区协同合作，创建综合减灾社区，形成“邻里互助”的新型社区关系，推动应急文化建设。明确大型国有企业的社会责任和行为规范，完善企业应急管理机构的组织结构和运行机制，充分发挥其在应急管理全过程中应有的功能作用，形成示范带动效应。发挥市场在资源配置中的决定性作用，规划发展应急救援与保障服务产业。建立政府与企业的合作伙伴关系，形成多元的公私合作模式，联合推动应急产品的研发与生产。推动社会由注重处置的一次性、应激性参与，转向平战结合的全过程、常态化参与。

四是，注重培养现代公民伦理价值观、公共安全与应急准备意识，形成长期导向的应急核心价值观。

中国传统文化使得制度伦理极大地影响着个体行为。非理性群体意识过分强调整体，消解个体，压抑和异化公共意识，导致个体的应急知识和自救互救的意识、能力不足。坚持政府主导、开放创新，摒弃非理性群体意识，培育人本意识、契约意识、法治意识和责任意识等现代公民伦理价值观，以及公共安全与应急准备意识，激发公众对生命的尊重与关爱，奠定依法应急的思想基础。一方面，破解中国信访模式的制度困境，创新利益诉求的表达方式，完善多主体利益协调机制，保障不同群体的正当权益，最大限度规避非制度化的诉求表达，切实减少社会的不稳定因素。另一方面，强化应急准备和自救互救理念，优化系列制度、社会规范、道德标准，引导形成长期导向的预防性危机意识和公共安全责任意识，以及“防微杜渐”“自强不息”等下意识行为，最大限度地减少“以讹传讹”“求神问卜”等负面文化的心理羁绊。

2 应急管理基础

2.1 突发事件分类与分级

突发事件：是指突然发生，造成或者可能造成严重社会危害，需要采取应急处置措施予以应对的自然灾害、事故灾难、公共卫生事件和社会安全事件(图 2-1~图 2-3)。

图 2-1 自然灾害

图 2-2 事故灾难

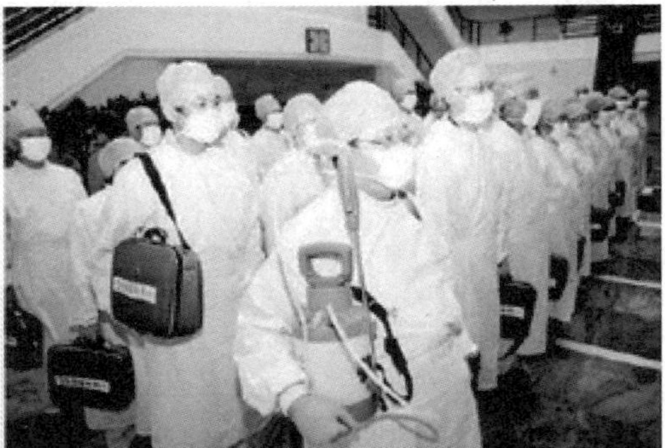

图 2-3 公共卫生事件

突发事件主要分成四类：自然灾害——主要包括水旱灾害、气象灾害、地震灾害、地质灾害、海洋灾害、生物灾害和森林草原火灾等；事故灾难——主要包括工矿商贸等企业的各类安全事故、交通运输事故、公共设施和设备事故、环境污染和生态破坏事件等；公共卫生事件——主要包括传染病疫情、群体性不明原因疾病、食品安全和职业危害、动物疫情以及其他严重影响公众健康和生命安全的事件；社会安全事件——主要包括恐怖袭击事件、经济安全事件、涉外突发事件等。

按照各类突发事件的性质、严重程度、可控性和影响范围等因素，突发事件分为四级，即Ⅰ级(特别重大)、Ⅱ级(重大)、Ⅲ级(较大)和Ⅳ级(一般)(表2-1)。

表 2-1 突发公共事件分级

等级	死亡人数	重伤人数	直接经济损失
特大事故	30 人及以上	100 人及以上	1 亿元及以上
重大事故	10~29 人	50~99 人	5000 万~1 亿元
较大事故	3~9 人	10~49 人	1000 万~5000 万元
一般事故	1~2 人	1~9 人	1000 万元以下(不含 1000 万元)

2.2 应急管理相关概念

应急管理：指突发事件的预防与应急准备、监测与预警、应急处置与救援、事后恢复与重建等应对活动。是在突发事件的事前预防、事发应对、事中处置和善后管理过程中，通过建立必要的应对机制，采取一系列必要措施，保障员工和公众的生命安全，最大限度减少环境破坏、社会影响和财产损失的有关活动，是企业管理的重要组成部分。

应急管理体制：国家建立统一领导、综合协调、分类管理、分级负责、属地管理为主的应急管理体制。

应急管理机制：要建立健全社会预警体系，形成统一指挥、功能齐全、反应灵敏、运转高效的应急机制，提高保障公共安全和处置突发事件的能力。

应急准备：针对可能发生的事故，为迅速、科学、有序地开展应急行动而预先进行的思想准备、组织准备和物资准备。

应急响应：针对发生的事故，有关组织或人员采取的应急行动。

2.3 应急管理四个阶段

现场应急管理就是指通过应急计划(应急预案)和应急措施，充分利用一切可能的力量，在突发事件发生后迅速进行应急救援，控制事件发展并尽可能排除事件，保护现场人员和场外人员的安全，将事件对人员、财产、环境造成的损失和社会影响降低至最低程度。

应急管理又是一个过程，包括预防预备、预测预警、应急处置与救援和评估与恢复重建四个阶段，如图 2-4 所示。

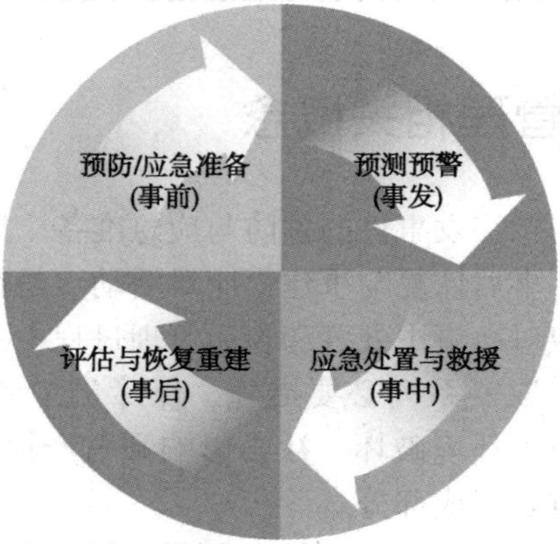

图 2-4　应急管理四个阶段

（1）预防预备阶段(表2-2)

表2-2 预防预备阶段

阶 段	内容与应对措施
预防 为预防、控制和消除事故对人类生命财产的长期危害所采取的行动，目的是减少事故的发生(无论事故是否发生，企业和社会都处于风险之中)	法律、法规、标准 灾害保险 安全信息系统 安全规划 风险分析、评价 土地勘测 监测与控制 应急教育 安全研究 税收和强制等激励措施
准备 事故发生之前采取的行动，目的是提高事故应急行动能力并提高响应效果	应急方针政策 应急预案(计划) 应急通告与警报 应急医疗系统 应急救援中心 应急公共咨询材料 应急培训、训练与演习 应急资源 互助救援协议 实施应急救援预案

（2）预测预警(图2-5、表2-3)

表2-3 预测预警阶段

阶 段	内容与应对措施
预测预警 对潜在突发事件进行监测和预警，将突发事件消弭于萌芽；及时评估应急信息，保障公民知情权；采取相应措施，控制突发事件的蔓延和发展	建立监测网络与信息数据库 建立突发事件信息报告制度 建立与健全监测制度 建立健全预警制度 发布突发事件的警报

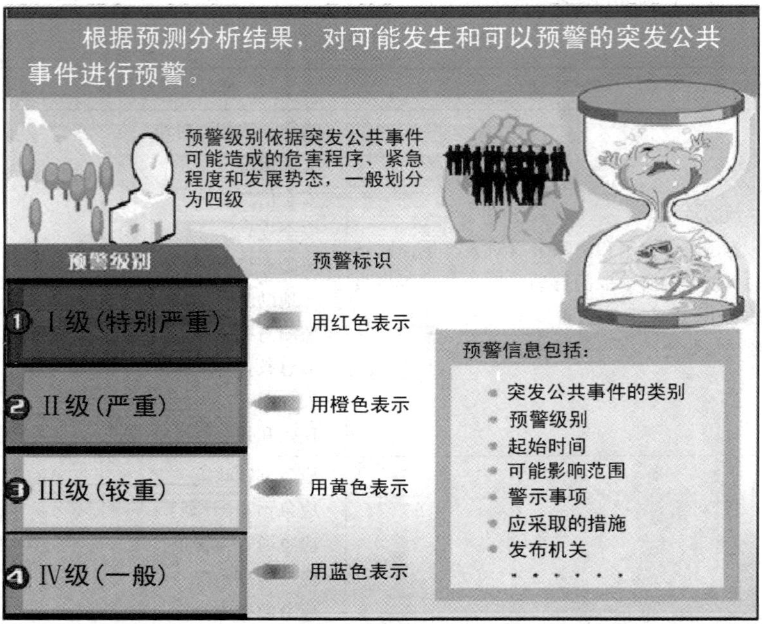

图 2-5　规范预警标识：4 级预警“红、橙、黄、蓝”

（3）应急处置与救援阶段(表 2-4)

表 2-4　应急处置与救援阶段

阶　　段	内容与应对措施
应急处置与救援 事故即将发生或发生期间采取的行动。目的尽可能降低生命、财产和环境损失，并有利于灾害恢复	启动应急通告报警系统 启动应急救援中心 提供应急医疗援助 报告有关政府机构 对公众进行应急事务说明 疏散与避难 搜寻与营救

（4）评估与恢复重建阶段(表 2-5)

表 2-5 评估与恢复重建阶段

阶 段	内容与应对措施
评估与恢复重建 使生产、生活恢复到正常状态或进一步改善	清理废墟 损害评估 消毒、去污 保险赔偿 贷款或拨款 失业复岗 应急预案复审 灾后重建

2.4 应急管理体系

应急管理体系的总的目标是：控制事态发展、保障生命财产安全、恢复正常状态。

一个完整的应急管理体系由四部分构成：组织体制、运作机制、法制基础、保障系统(图 2-6)。

图 2-6 标准化应急管理体系(4×4)

预防、预备、响应和恢复四个阶段循环往复，构成应急体系的运行规律(图 2-7)。

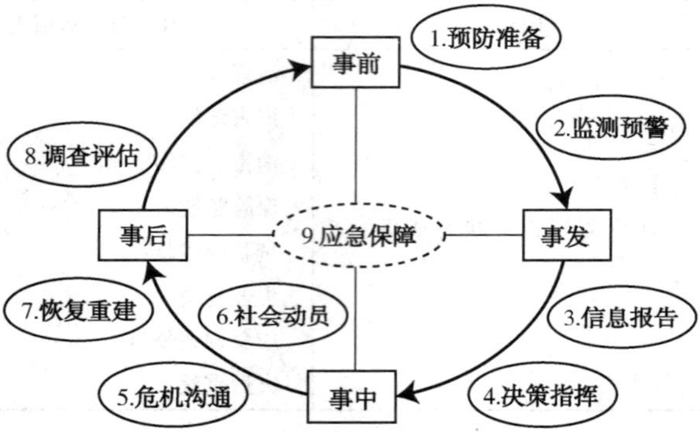

图 2-7　应急体系运作规律

3 危险化学品单位应急物资装备配备

通用性应急装备：个体防护装备、消防装备、通信装备、报警装备。

特殊专业性应急装备：消火装备、危险品泄漏控制装备、专用通信装备、医疗装备、电力抢险装备。

可从以下几个方面考虑做好处理突发事件和危机物资保障工作：

（1）合理储备物资。

（2）根据地方实际做好储备物资的合理配置，即科学、合理确定各种物资之间的比例关系。

（3）储备物资的布局要合理，能够在处理突发事件和危机时，及时从就近的地方调运所需物资，做到既方便使用，又不会遭到危机的破坏，同时，要严厉打击囤积居奇、哄抬物价的不法行为，维护市场和物价稳定。

（4）制定科学的物资调运系统和预案，确保物资能及时调出和补入，予以补充和更新。

（5）建立非政府物资征用制度。

（6）引导、动员公民合理储备少量必要的物资、以防患于未然。

危险化学品单位应按照 GB 30077—2013《危险化学品单位应急救援物资配备要求》配备应急物资与装备。

3.1 配备原则

危险化学品单位应急救援物资应根据本单位危险化学品的种

类、数量和危险化学品发生事故的特点进行配置。

应急救援物资应符合实用性、功能性、安全性、耐用性以及单位实际需要的原则，应满足单位员工现场应急处置和企业应急救援队伍所承担救援任务的需要。

3.2 总体配备要求

危险化学品单位应急救援物资应符合国家标准或行业标准的要求；无国家标准和行业标准的产品应通过国家相关法定检验机构检验合格。

危险化学品单位应急救援物资配备是最低要求，危险化学品单位可根据实际情况增配应急救援物资的种类和数量。

危险化学品单位类别划分是根据危险化学品单位类别根据从业人数、营业收入和危险化学品重大危险源级别进行划分，见表3-1。

表3-1 危险化学品单位类别划分依据

企业规模	危险化学品重大危险源级别			
	一级危险化学品重大危险源	二级危险化学品重大危险源	三级危险化学品重大危险源	四级危险化学品重大危险源
从业人数300人以下或营业收入2000万元以下	第二类危险化学品单位	第三类危险化学品单位	第三类危险化学品单位	第三类危险化学品单位
从业人数300人以上1000人以下或营业收入2000万元以上40000万元以下	第二类危险化学品单位	第二类危险化学品单位	第二类危险化学品单位	第三类危险化学品单位
从业人数1000人以上或营业收入40000万元以上	第一类危险化学品单位	第二类危险化学品单位	第二类危险化学品单位	第二类危险化学品单位

注：1. 表中所称的“以上”包括本数，所称的“以下”不包括本数。

2. 没有危险化学品重大危险源的危险化学品单位可作为第三类危险化学品单位。

3.3 作业场所配备要求

在危险化学品单位作业场所，应急救援物资应存储在应急救援器材专用和(或)指定地点，作业场所应急物资配备应符合表 3-2要求。

表 3-2 作业场所救援物资配备标准

序号	物资名称	技术要求或功能要求	配备	备注
1	正压式空气呼吸器	技术性能符合 GB/T 18664 要求	2 套	图 3-1
2	化学防护服	技术性能符合 AQ/T 6107 要求	2 套	具有有毒腐蚀液体危险化学品的作业场所
3	过滤式防毒面具	技术性能符合 GB/T 18664 要求	1 个/人	根据有毒有害物质考虑，根据当班人数确定
4	气体浓度检测仪	检测气体浓度	2 台	根据作业场所的气体确定
5	手电筒	易燃易爆场所，防爆	1 个/人	根据当班人数确定
6	对讲机	易燃易爆场所，防爆	2 台	根据作业场所选择防护类型(图 3-2)
7	急救箱或急救包	物资清单可参考 GBZ 1	1 包	图 3-3
8	吸附材料	吸附泄漏的化学品	*	以工作介质理化性质确定具体的物资，常用吸附材料为沙土
9	洗消设施或清洗剂	洗消进入事故现场的人员	*	在工作地点配备
10	应急处置工具箱	工作箱内配备常用工具或专业处置工具	*	根据作业场所具体情况确定

注：表中所有“ * ”表示由单位根据实际需要进行配置，本标准不作强行规定。

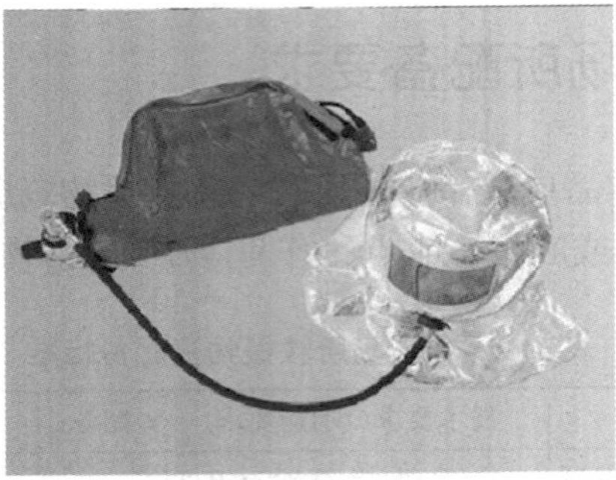

图 3-1　正压呼吸器

图 3-2　对讲机

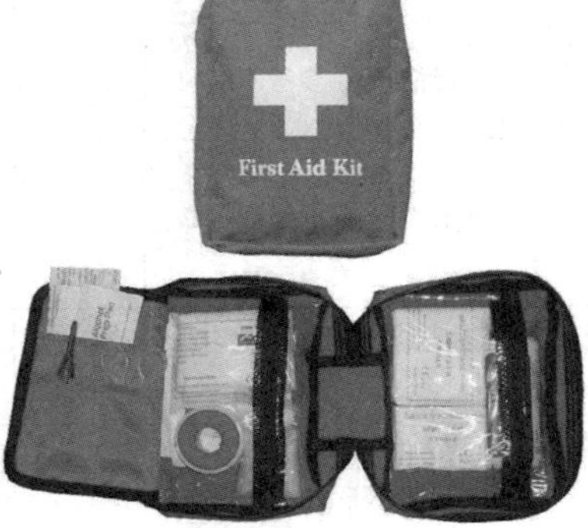

图 3-3　急救包

3.4　企业应急救援队伍配备要求

应急救援人员个体防护装备配备要求见表3-3。

表3-3　应急救援人员个体防护装备配备要求

序号	名称	主要用途	配备	备份比	备注
1	头盔	头部、面部及颈部的安全防护	1顶/人	4∶1	
2	二级化学防护服装	化学灾害现场作业时的躯体 防护	1套/10人	4∶1	按值勤人员数量确定； 至少配备2套
3	一级化学防护服装	重度化学灾害现场全身防护	*		
4	灭火防护服	灭火救援作业时的身体防护	1套/人	3∶1	指挥员可选配消防指挥服
5	防静电内衣	可燃气体、粉尘、蒸汽等易燃易爆场所作业时的躯体内层防护	1套/人	4∶1	
6	防化手套	手部及腕部防护	2副/人		应针对有毒有害物质穿透性选择手套材料，图3-4
7	防化靴	事故现场作业时的脚部和小腿部防护	1双/人	4∶1	易燃易爆场所应配备防静电靴
8	安全腰带	登梯作业和逃生自救	1根/人	4∶1	图3-5
9	正压式空气呼吸器	缺氧或有毒现场作业时的呼 吸防护	1具/人	5∶1	以值勤人员数量确定； 备用气瓶按照正压式空气呼吸器总量1∶1备份

续表

序号	名称	主要用途	配备	备份比	备注
10	佩戴式防爆照明灯	单人作业照明	1个/人	5：1	
11	轻型安全绳	救援人员的救生、自救和逃生	1根/5人	4：1	
12	消防腰斧	破拆和自救	1把/人	5：1	

注：1. 表中“备份比”是指应急救援人员防护装备配备投入使用数量与备用数量之比。

2. 根据备份比计算的备份数量为非整数时向上取整。

3. 第三类危险化学品单位应急救援人员可使用作业场所配备的个体防护装备，不配备该表中的装备。

4. “ * ”表示由单位根据实际需要进行配置，本标准不作规定。

图 3-4　防化手套

图 3-5　安全腰带

3.5　企业应急救援队伍抢险救援车辆配备标准

企业应急救援队伍抢险救援车辆配备数量应符合表 3-4 要求。

表 3-4　企业应急救援队伍抢险救援车辆配备数量

危险化学品单位级别	第一类危险化学品单位	第二类危险化学品单位	第三类危险化学品单位
抢险救援车辆数量	≥3	1~2	0~1

企业应急救援队伍常用抢险救援车辆品种配备标准应符合表3-5 要求。

表 3-5 企业应急救援队伍常用抢险救援车辆品种配备要求

<table>
<tr><th>序号</th><th colspan="2">设备名称</th><th>第一类危险化学品单位</th><th>第二类危险化学品单位</th><th>第三类危险化学品单位</th></tr>
<tr><td>1</td><td rowspan="4">灭火抢险救援车</td><td>水罐或泵浦抢险救援车</td><td rowspan="3">1</td><td rowspan="3">1</td><td rowspan="2">1</td></tr>
<tr><td>2</td><td>水罐或泡沫抢险救援车</td></tr>
<tr><td>3</td><td>干粉泡沫联用抢险救援车</td><td>—</td></tr>
<tr><td>4</td><td>干粉抢险救援车</td><td>—</td><td>—</td><td>—</td></tr>
<tr><td>5</td><td rowspan="3">举高抢险救援车</td><td>登高平台抢险救援车</td><td rowspan="3">*</td><td>—</td><td>—</td></tr>
<tr><td>6</td><td>云梯抢险救援车</td><td>—</td><td>—</td></tr>
<tr><td>7</td><td>举高喷射抢险救援车</td><td>—</td><td>—</td></tr>
<tr><td>8</td><td rowspan="5">专勤抢险救援车</td><td>多功能抢险救援车或气防车</td><td>1</td><td>*</td><td>—</td></tr>
<tr><td>9</td><td>排烟抢险救援车或照明抢险救援车</td><td>—</td><td>—</td><td>—</td></tr>
<tr><td>10</td><td>危险化学品事故抢险救援车或防化洗消抢险救援车</td><td>1</td><td>*</td><td>—</td></tr>
<tr><td>11</td><td>通信指挥抢险救援车</td><td>—</td><td>—</td><td>—</td></tr>
<tr><td>12</td><td>供气抢险救援车</td><td>—</td><td>—</td><td>—</td></tr>
<tr><td>13</td><td rowspan="2">后勤抢险救援车</td><td>自装卸式抢险救援车(含器材保障、生活保障、供液集装箱)</td><td>—</td><td>—</td><td>—</td></tr>
<tr><td>14</td><td>器材抢险救援车或供水抢险救援车</td><td>*</td><td>—</td><td>—</td></tr>
</table>

注：“＊”表示由单位根据实际需要进行配置，本标准不作规定。

企业应急救援队伍主要抢险救援车辆的技术性能应符合表3-6要求，气防车内应急救援物资配备标准可参考表 3-7 配置。

表 3-6　企业应急救援队伍主要抢险救援车辆的技术性能

技术性能		第一类危险化学品单位		第二类危险化学品单位		第三类危险化学品单位	
发动机功率/kW		≥191		≥132		≥132	
比功率/(kW/t)		≥10		≥8		≥8	
水罐抢险救援车出水性能	出口压力/MPa	1	1.8	1	1.8	1	1.8
	流量/(L/s)	60	30	40	20	40	20
水罐抢险救援车出泡沫性能/类		A、B		A、B		B	
举高抢险救援车额定工作高度/m		≥30		≥20		≥20	
多功能抢险救援车	起吊质量/kg	≥5000		≥3000		≥3000	
	牵引质量/kg	≥10000		≥10000		≥10000	

表 3-7　气防车内应急救援物资配备标准

序号	物资名称	主要功能或技术要求	必配	备注
1	正压式空气呼吸器	技术性能符合 GB/T 18664 要求	2 套	配备空气瓶 1 个/套
2	苏生器	自动进行正负压人工呼吸	1 套	
3	医用氧气瓶	治疗中毒人员	2 个	
4	移动式长管供气系统	在缺氧或有毒有害气体环境中的抢险救灾人员提供长时间呼吸保护	1 台	
5	对讲机	易燃易爆场所应为防爆型	2 台	
6	抢险救援服	抢险人员躯体保护，橘红色	1 套/人	根据气防车上配备的人员确定
7	头戴式照明灯	灭火和抢险救援现场作业时的照明，易燃易爆场所应为防爆型	1 个/人	根据气防车上配备的人员确定
8	一级化学防护服	重度化学灾害现场全身防护	2 套	

续表

序号	物资名称	主要功能或技术要求	必配	备注
9	二级化学防护服	化学灾害现场作业时的躯体防护	2 套	
10	隔热服	强热辐射场所的全身防护	*	
11	折叠担架	运送事故现场受伤人员	2 副	
12	急救包	盛放常规外伤和化学伤害急救所需的敷料、药品和器械等	1 个	
13	可燃气体检测仪	检测事故现场易燃易爆气体，可检测多种易燃易爆气体的体积浓度	2 台	根据企业是否存在可燃气体确定是否配备
14	有毒气体检测仪	具备自动识别、防水、防爆性能。能探测有毒、有害气体及氧含量	2 台	根据企业有毒有害气体的种类配备

注：“ * ”表示由单位根据实际需要进行配置，本标准不作规定。

企业应急救援队伍抢险救援物资配备要求：

第一类危险化学品单位应急救援队伍的抢险救援物资配备的种类和数量不应低于表 3-8～表 3-18 的要求。

第二类危险化学品单位应急救援队伍的抢险救援物资配备的种类和数量不应低于表 3-19 的要求。

第三类危险化学品单位应急救援队伍可使用作业场所应急救援物资作为抢险救援物资。

表 3-8 第一类危险化学品单位侦检器材配备要求

序号	物资名称	主要用途或技术要求	配备
1	有毒气体探测仪	具备自动识别、防水、防爆性能；能探测有毒、有害气体及氧含量	2 台
2	可燃气体检测仪	检测事故现场易燃易爆气体，可检测多种易燃易爆气体的浓度	2 台

续表

序号	物资名称	主要用途或技术要求	配备
3	红外测温仪	测量事故现场温度；可预设高、低温危险报警	1台
4	便携式气象仪	测量风速、风向、温度、湿度、大气压等气象参数	1台
5	水质分析仪	定性分析液体内的化学成分	*
6	红外热像仪	事故现场黑暗、浓烟环境中的搜寻；温差分辨率不小于0.25℃，有效检测距离不小于40m	*

注："＊"表示由单位根据实际需要进行配置，本标准不作规定。

表3-9　第一类危险化学品单位警戒器材配备要求

序号	物资名称	主要用途或技术要求	配备	备注
1	警戒标志杆	灾害事故现场警戒，有反光功能	10根	
2	锥形事故标志柱	灾害事故现场道路警戒	10根	图3-6
3	隔离警示带	灾害事故现场警戒；双面反光，每盘长度约500m	10盘	备份2盘
4	出入口标志牌	灾害事故现场标示；图案、文字、边框均为反光材料，与标志杆配套使用，易燃易爆环境应为无火花材料	2组	
5	危险警示牌	灾害事故现场警戒警示；分为有毒、易燃、泄漏、爆炸、危险等5种标志，图案为反光材料。与标志杆配套使用，易燃易爆环境应为无火花材料	5块	
6	闪光警示灯	灾害事故现场警戒警示；频闪型，光线暗时自动闪亮	5个	备份2个
7	手持扩音器	灾害事故现场指挥；功率大于10W，同时应具备警报功能	2个	图3-7

图 3-6　锥形安全标志柱

图 3-7　手持扩音器

表 3-10　第一类危险化学品单位灭火器材配备要求

序号	物资名称	主要用途或技术要求	配备	备注
1	机动手抬泵	可人力搬运，用作输送水或泡沫溶液等液体灭火剂的专用泵	3 台	
2	移动式消防炮	扑救可燃化学品火灾	2 个	
3	A、B 类比例混合器、泡沫液桶、空气泡沫枪	扑救小面积化工类火灾；由储液桶、吸液管和泡沫管枪组成，操作轻便快捷	2 套	
4	二节拉梯	登高作业	3 个	
5	三节拉梯	登高作业	2 个	
6	移动式水带卷盘或水带槽	清理水带	3 个	
7	水带	消防用水的输送	2800m	
8	其他	按所配车辆技术标准要求配备	1 套	扳手、水枪、分水器、接口、包布、护桥等常规器材工具

表 3-11　第一类危险化学品单位通信器材配备要求

序号	物资名称	主要用途或技术要求	配备	备注
1	移动电话	易燃易爆环境应防爆	2 部	指挥员
2	对讲机	应急救援人员间以及与后方指挥员的通信，通信距离不低于 1000m，易燃易爆环境应防爆	1 部/人	按执勤人数配备
3	通信指挥系统	符合 GB 50313 要求	1 套	

表 3-12　第一类危险化学品单位救生物资配备要求

序号	物资名称	主要用途或技术要求	配备	备注
1	缓降器	高处救人和自救；安全负荷不低于 1300N，绳索防火、耐磨	2 套	
2	医药急救箱	盛放常规外伤和化学伤害急救所需的敷料、药品和器械等	1 个	
3	逃生面罩	灾害事故现场被救人员呼吸防护	10 个	备份 10 个
4	折叠式担架	运送事故现场受伤人员；为金属框架，高分子材料表面质材，便于洗消，承重不小于 100kg	1 架	
5	救援三角架	高处、井下等救援作业；金属框架，配有手摇式绞盘，牵引滑轮，最大承载 2500N，绳索长度不小于 30m	1 个	图 3-8
6	救生软梯	登高救生作业	1 条	图 3-9
7	安全绳	灾害事故现场救援，长度 50m	2 组	
8	救生绳	救人或自救工具，也可用于运送消防施救器材，50m	2 组	

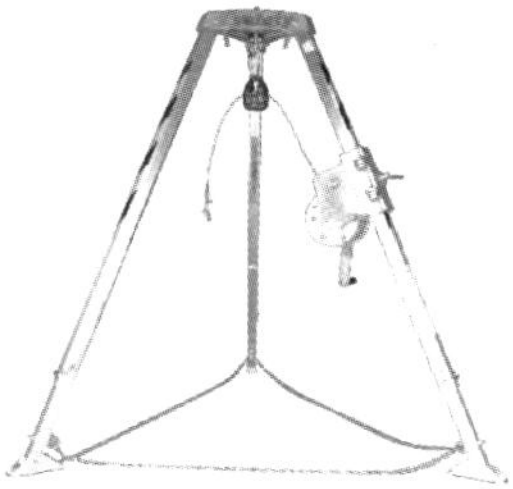

图 3-8 救援三脚架

图 3-9 救生软梯

表 3-13 第一类危险化学品单位破拆器材配备要求

序号	物资名称	主要用途或技术要求	配备	备注
1	液压破拆工具组	灾害现场破拆作业	1 套	根据企业实际情况选配
2	无齿锯	切割金属和混凝土材料		
3	机动链锯	切割各类木质结构障碍物		
4	手动破拆工具组	灾害现场破拆作业		

表 3-14 第一类危险化学品单位堵漏器材配备要求

序号	物资名称	主要用途或技术要求	配备	备注
1	木制堵漏楔	各类孔洞状较低压力的堵漏作业；经专门绝缘处理，防裂，不变形	1 套	每套不少于 28 种规格
2	气动吸盘式堵漏工具	封堵不规则孔洞；气动、负压式吸盘，可输转作业	1 套	根据企业实际情况和工艺特点，选配 1 套堵漏工具
3	粘贴式堵漏工具	各种罐体和管道表面点状、线状泄漏的堵漏作业；无火花材料		
4	电磁式堵漏工具	各种罐体和管道表面点状、线状泄漏的堵漏作业；适用温度不大于 80℃		
5	注入式堵漏工具	阀门或法兰盘堵漏作业；无火花材料；配有手动液压泵，液压不小于 74 MPa，使用温度 -100～400℃	1 套	含注入式堵漏胶 1 箱

续表

序号	物资名称	主要用途或技术要求	配备	备注
6	无火花工具	易燃、易爆事故现场的手动作业，铜制材料	1套	每套不小于11种
7	金属堵漏套管	各种金属管道裂缝的密封堵漏	1套	
8	内封式堵漏袋	圆形容器和管道的堵漏作业；由防腐橡胶制成，工作压力 0.15MPa，4种，直径分别为：10mm/20mm、20mm/40mm、30mm/60mm、50mm/100mm	*	
9	外封式堵漏袋	罐体外部堵漏作业；由防腐橡胶制成，工作压力 0.15 MPa，尺寸为5mm/20mm、20mm/48mm	*	
10	捆绑式堵漏袋	管道断裂堵漏作业；由防腐橡胶制成，工作压力 0.15 MPa，尺寸为5mm/20mm、20mm/48mm	*	
11	阀门堵漏套具	阀门泄漏的堵漏作业	*	
12	管道黏结剂	小空洞或砂眼的堵漏	*	

注：“＊”表示由单位根据实际需要进行配置，本标准不作规定。

表 3-15　第一类危险化学品单位输转物资配备要求

序号	物资名称	主要用途或技术要求	配备	备注
1	输转泵	吸附、输转各种液体；易燃易爆场所应为防爆	1台	
2	有毒物质密封桶	装载有毒有害物质；防酸碱，耐高温	2个	
3	吸附垫、吸附棉	小范围内吸附酸、碱和其他腐蚀性液体	2箱	
4	集污袋	装载有害物质	2只	

表 3-16 第一类危险化学品单位洗消物资配备要求

序号	物资名称	主要用途或技术要求	配备	备注
1	强酸、碱清洗剂	手部或身体小面积部位的洗消	5 瓶	酸碱环境下配备
2	强酸、碱洗消器	化学灼伤部位的洗消	2 只	酸碱环境下配备
3	洗消帐篷	消防人员洗消；配有电动充气泵、喷淋、照明等系统	1 套	
4	洗消粉	按比例与水混合后，对人体、物品和场地的降毒洗消	*	

注：“ * ”表示由单位根据实际需要进行配置，本标准不作规定。

表 3-17 第一类危险化学品单位排烟照明器材配备要求

序号	物资名称	主要用途或技术要求	配备	备注
1	移动式排烟机	灾害现场的排烟和送风，配有相应口径的风管	1 台	
2	坑道小型空气输送机	缺氧空间作业，排风量符合常用救灾的要求	*	
3	移动照明灯组	灾害现场的作业照明，照度符合作业要求	1 套	
4	移动发电机	灾害现场等电器设备的供电	2 台	

注：“ * ”表示由单位根据实际需要进行配置，本标准不作规定。

表 3-18 第一类危险化学品单位其他物资配备要求

序号	物资名称	主要用途或技术要求	配备	备注
1	心肺复苏人体模型	急救训练用	1 套	
2	空气充填泵	现场为空气呼吸器储气瓶充气	1 套	

表 3–19　第二类危险化学品单位抢险救援物资配备要求

序号	种类	物资名称	主要用途或技术要求	配备	备注
1	侦检	有毒气体探测仪	具备自动识别、防水、防爆性能，能探测有毒、有害气体及氧含量	2 台	根据企业有毒有害气体的种类配备
2		可燃气体检测仪	检测事故现场易燃易爆气体；可检测多种易燃易爆气体的浓度	2 台	根据企业可燃气体的种类配备
3	警戒	各类警示牌	灾害事故现场警戒警示	1 套	
4		隔离警示带	灾害事故现场警戒，双面反光	5 盘	备用 2 盘
5	灭火	移动式消防炮	扑救可燃化学品火灾	1 个	
6		水带	消防用水的输送	1200m	
7		常规器材工具，扳手、水枪等	按所配车辆技术标准要求配备	1 套	扳手、水枪、分水器、接口、包布、护桥等常规器材工具
8	通信	移动电话	易燃易爆环境应防爆	2 部	
9		对讲机	易燃易燥环境应防爆	2 台	
10	救生	缓降器	高处救人和自救；安全负荷不低于 1300N，绳索防火、耐磨	2 套	
11		逃生面罩	灾害事故现场被救人员呼吸防护	10 个	备用 5 个
12		折叠式担架	运送事故现场受伤人员，为金属框架，高分子材料表面质材，便于洗消，承重不小于 100kg	1 架	

续表

序号	种类	物资名称	主要用途或技术要求	配备	备注
13	救生	救援三角架	金属框架，配有手摇式绞盘，牵引滑轮最大承载2500N，绳索长度不小于30m	1个	
14		救生软梯	登高救生作业	1个	
15		安全绳	长度50m	2组	
16		医药急救箱	盛放常规外伤和化学伤害急救所需的敷料、药品和器械等	1个	
17	破拆	液压破拆工具组	灾害现场破拆作业	1套	根据企业实际情况选择其中一项
18		无齿锯	切割金属和混凝土材料		
19		手动破拆工具组	灾害现场破拆作业		
20	堵漏	木制堵漏楔	各类孔洞状较低压力的堵漏作业。经专门绝缘处理，防裂，不变形	1套	每套不少于28种规格
21		无火花工具	易燃易爆事故现场的手动作业，钢制材料	1套	
22		粘贴式堵漏工具	各种罐体和管道表面点状、线状泄漏的堵漏作业；无火花材料	*	
23		注入式堵漏工具	阀门或法兰盘堵漏作业；无火花材料；配有手动液压泵，泵缸压力≥74MPa，使用温度-100~400℃	*	

续表

序号	种类	物资名称	主要用途或技术要求	配备	备注
24	输转	输转泵	吸附、输转各种液体，安全防爆	1台	
25		有毒物质密封桶	装载有毒有害物质，可防酸碱，耐高温	1个	
26		吸附垫	小范围内的吸附酸、碱和其他腐蚀性液体	2箱	
27	洗消	洗消帐篷	消防人员洗消；配有电动充气泵、喷淋、照明等系统	1顶	
28	排烟照明	移动式排烟机	灾害现场的排烟和送风，配有相应口径的风管	1台	
29		移动照明灯组	灾害现场的作业照明，照度符合作业要求	1组	
30		移动发电机	灾害现场等的照明	*	
31	其他	水幕水带	阻挡或稀释有毒和易燃易爆气体或液体蒸气	1套	

注："*"表示由单位根据实际需要进行配置，本标准不作规定。

3.6 其他配备要求

危险化学品单位，除作业场所和应急救援队伍外的其他部门应根据应急响应过程中所承担的职责配备相应的应急救援物资。

沿江河湖海的危险化学品单位应配备水上灭火抢险救援、水上泄漏物处置和防汛排涝物资(图3-10)。

除作业场所的应急救援物资外的其他应急救援物资，可由危险化学品单位与其周边其他相关单位或应急救援机构签订互助协议，并能在这些单位或机构接到报警后 5min 内到达现场，可作为本单位的应急救援物资。

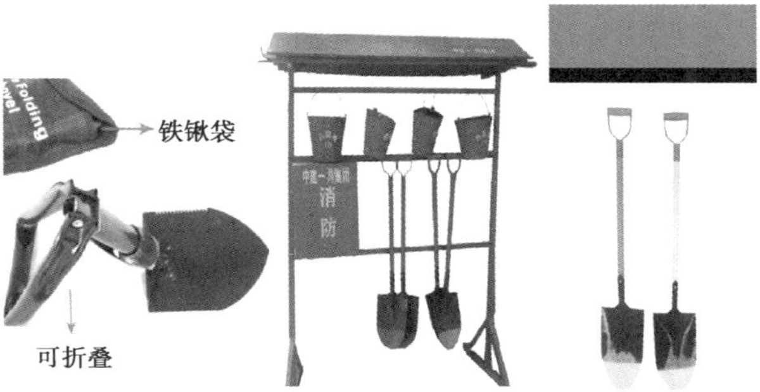

图 3-10 消防锹

3.7 管理和维护

危险化学品单位应建立应急救援物资的有关制度和记录：

物资清单；

物资使用管理制度；

物资测试检修制度；

物资租用制度；

资料管理制度；

物资调用和使用记录；

物资检查维护、报废及更新记录。

应急救援物资应明确专人管理；严格按照产品说明书要求，对应急救援物资进行日常检查、定期维护保养；应急救援物资应存放在便于取用的固定场所，摆放整齐，不得随意摆放、挪作他用。

应急救援物资应保持完好，随时处于备战状态；物资若有损坏或影响安全使用的，应及时修理、更换或报废。

应急救援物资的使用人员，应接受相应的培训，熟悉装备的用途、技术性能及有关使用说明资料，并遵守操作规程。

4 应急人员培训及考核

安全生产应急管理人员的培训应由具有国家规定资质的安全生产培训机构承担，坚持应急管理知识和应急管理能力相结合的原则。本章主要讲述危险化学品应急救援管理人员的培训及考核。

危险化学品应急救援管理人员包括：①政府部门危险化学品应急管理人员；②危险化学品生产经营单位主要负责人、分管安全负责人和安全管理部门负责人；③危险化学品应急救援队伍负责人。

4.1 培训要求

危险化学品应急救援管理人员的培训时间不少于48学时，再培训时间不少于16学时(表4-1)。

表4-1 危险化学品应急救援管理人员培训课时安排

项目		培训内容	学时		
			(Ⅰ)	(Ⅱ)	(Ⅲ)
培训	第一单元	我国应急管理体系主要内容	6	2	1
		安全生产应急管理工作重点和现状	6	2	1
	第二单元	化学品危险性分类和危险化学品识别	2	2	2
		化学品的物理、健康和环境危险及其事故类型	5	5	5
	第三单元	危险化学品应急处置原则	2	2	2
		化学事故快速检测程序及手段	2	2	2
		危险化学品应急处置基本方法	2	2	2
		生产、储存和运输过程危险化学品应急处置	2	2	2

续表

<table>
<tr><th colspan="2" rowspan="2">项 目</th><th rowspan="2">培 训 内 容</th><th colspan="3">学 时</th></tr>
<tr><th>（Ⅰ）</th><th>（Ⅱ）</th><th>（Ⅲ）</th></tr>
<tr><td rowspan="11">培训</td><td rowspan="5">第四单元</td><td>危险化学品的防护及救护知识</td><td>1</td><td>2</td><td>2</td></tr>
<tr><td>应急救援个体防护、现场抢救与急救</td><td>1</td><td>2</td><td>2</td></tr>
<tr><td>紧急避险与自救</td><td>1</td><td>2</td><td>2</td></tr>
<tr><td>防护装备与器材</td><td>1</td><td>2</td><td>2</td></tr>
<tr><td>消防车、灭火剂、消防水力排烟装备</td><td>1</td><td>2</td><td>2</td></tr>
<tr><td>第五单元</td><td>典型危险化学品应急处置技术</td><td>3</td><td>6</td><td>8</td></tr>
<tr><td>第六单元</td><td>实践能力</td><td colspan="3">8</td></tr>
<tr><td colspan="2">复 习</td><td colspan="3">2</td></tr>
<tr><td colspan="2">基础知识考试</td><td colspan="3">2</td></tr>
<tr><td colspan="2">实际能力考核</td><td colspan="3">1</td></tr>
<tr><td colspan="2">合 计</td><td colspan="3">48</td></tr>
<tr><td rowspan="4">再培训</td><td colspan="2">1. 有关危险化学品安全生产、应急管理等方面的法律、法规、规章、标准和政策。
2. 危险化学品应急救援的新理论、新技术和新方法。
3. 重大危险化学品事故应急救援典型案例的经验与教训</td><td colspan="3">12</td></tr>
<tr><td colspan="2">复 习</td><td colspan="3">2</td></tr>
<tr><td colspan="2">考 试</td><td colspan="3">2</td></tr>
<tr><td colspan="2">合 计</td><td colspan="3">16</td></tr>
</table>

4.2 培训内容

为方便培训，以下只列出了培训内容大纲以供参考。

4.2.1 应急管理概论

（1）应急管理概念与术语

（2）突发事件应急管理

- 突发事件的特征、分类和分级；
- 突发事件应急管理的概念、内涵和原则；
- 突发事件应急管理工作的指导思想、目标和主要内容。

（3）安全生产应急管理

- 安全生产应急管理的特点和意义；
- 安全生产应急管理的基本任务；
- 安全生产应急管理的现状；
- 安全生产应急管理的发展趋势。

4.2.2 安全生产应急管理法律法规

（1）应急管理法制建设概述

（2）应急管理法制的原则和功能

（3）应急管理法律法规层级框架

（4）应急管理相关法律、法规、规章、标准的主要内容

4.2.3 安全生产应急体系

（1）安全生产应急体系概述

（2）安全生产应急组织体系

- 领导机构；
- 管理部门；
- 职能部门；
- 救援队伍；
- 民间组织及志愿者。

（3）安全生产应急体系运行机制

- 日常管理机制；
- 预测预警机制；
- 应急响应机制；
- 信息发布机制；

- 经费保障机制。

(4) 安全生产应急体系支持保障系统

- 通信信息系统；
- 技术支持系统；
- 物资与装备保障系统；
- 培训演练系统。

4.2.4 安全生产应急预案

(1) 应急预案的概念、目的和作用

(2) 应急预案体系框架

- 突发事件应急预案体系；
- 突发事件总体应急预案；
- 突发事件专项应急预案；
- 突发事件部门应急预案。

(3) 安全生产事故应急预案

- 应急预案体系的组成；
- 综合应急预案；
- 专项应急预案；
- 现场处置方案。

(4) 应急预案编制

- 应急预案编制的基本要求；
- 应急预案编制的步骤；
- 应急预案的主要内容；
- 应急预案的相互衔接。

(5) 应急预案管理

- 应急预案评审与发布；
- 应急预案备案；
- 应急预案修订与更新。

4.2.5 危险分析

（1）危险分析基本过程
（2）危险源辨识与评价
（3）常用危险分析技术方法

4.2.6 应急能力评估

（1）评估方法
（2）评估指标
（3）评估过程

4.2.7 应急演练

（1）应急演练概述
- 应急演练的目的与原则；
- 应急演练类型；
- 应急演练内容；
- 应急演练参与人员。

（2）应急演练计划
- 演练需求与演练范围的确定；
- 演练计划的编制。

（3）应急演练准备
- 演练组织机构及人员的确定；
- 演练现场规则；
- 工作方案的编制；
- 演练脚本的编制；
- 演练评估方案的编制；
- 演练保障方案的编制；
- 演练观摩手册的编制；
- 演练参与人员的培训。

(4) 应急演练实施

- 组织预演；
- 安全检查；
- 演练实施的过程控制及要点；
- 演练记录。

(5) 应急演练评价与总结

- 现场点评；
- 书面评估；
- 应急演练总结。

4.2.8 应急处置及事后恢复

(1) 应急响应

- 应急响应的基本任务；
- 应急响应的实施；
- 应急指挥与协调。

(2) 应急处置现场控制与安排

- 现场控制与安排应遵循的基本原则；
- 现场控制的基本方法；
- 现场事态评估；
- 现场应急处置安排。

(3) 恢复与善后工作

- 恢复期间管理的重要性和管理方式；
- 恢复过程中的重要事项；
- 应急工作的总结和评估要点。

4.2.9 应急现场常用个体防护与救助知识

(1) 常用个体防护装备

(2) 个体防护知识

(3) 现场应急医疗救护知识

4.2.10　典型事故应急管理案例分析

（1）典型事故应急管理成功经验

（2）典型事故应急管理教训

（3）典型事故案例思考与启示

4.3　考核要求

安全生产应急管理培训的考核应满足《安全生产应急管理人员培训管理办法》的要求。

考试题型分为单项选择题、多项选择题、简答题和论述题四种。单项选择题 30 道，每题 1 分；多项选择题 15 道，每题 2 分；简答题 4 道，每题 5 分；论述题 2 道，每题 10 分。

考核采用笔试方式，满分 40 分，考试时间为 120 分钟，60 分及以上为合格，考试不合格可以补考一次。

考核要点的深度分为了解、熟悉和掌握三个层次。

4.4　考核要点

4.4.1　应急管理概论

（1）应急管理概念与术语

- 熟悉并能规范使用应急管理概念与术语。

（2）突发事件应急管理

- 了解突发事件的概念、特征、分类和分级；
- 熟悉突发事件应急管理的概念、内涵、基本原则。

（3）安全生产应急管理

- 了解安全生产应急管理的特点和意义；
- 掌握安全生产应急管理的基本任务；

- 了解安全生产应急管理现状及发展趋势。

4.4.2 安全生产应急管理法律法规

- 了解应急管理法制原则和功能；
- 掌握安全生产应急管理相关法律、法规、规章、标准的主要内容；
- 掌握《安全生产法》及《突发事件应对法》对应急管理工作的要求。

4.4.3 安全生产应急体系

（1）安全生产应急体系概述

- 了解安全生产应急体系建设的必要性与重要意义；
- 熟悉安全生产应急体系建设的指导思想和原则；
- 掌握安全生产应急体系结构。

（2）安全生产应急组织体系

- 熟悉领导决策层、管理部门、职能部门、应急救援队伍、民间组织及志愿者的主要应急管理职责与任务。

（3）安全生产应急体系运行机制

- 熟悉日常管理机制、经费保障机制；
- 掌握预测预警机制、应急响应机制、信息发布机制。

（4）安全生产应急体系支持保障系统

- 熟悉通信信息系统、技术支持系统、物资与装备保障系统、培训演练系统。

4.4.4 安全生产应急预案

（1）应急预案

- 了解应急预案的概念、目的和作用；
- 掌握应急预案的基本内容。

（2）应急预案体系框架

- 了解突发事件应急预案体系框架、国家突发公共事件总体应急预案和专项应急预案；
- 熟悉国家安全生产事故灾难应急预案的主要内容。

（3）安全生产事故应急预案

- 了解安全生产事故应急预案体系组成；
- 熟悉综合应急预案、专项应急预案和现场处置方案的基本要求。

（4）应急预案编制

- 掌握 AQ/T 9002《生产经营单位安全生产事故应急预案编制导则》的主要内容。

（5）应急预案管理

- 熟悉应急预案评审的类型及内容；
- 了解应急预案的备案要求。

4.4.5 危险分析

- 了解危险分析的基本过程；
- 熟悉危险源辨识与评价方法；
- 掌握 GB 18218《危险化学品重大危险源辨识》及其他重大危险源辨识与评价的主要内容。

4.4.6 应急能力评估

- 熟悉应急能力评估方法、评估指标及评估过程。

4.4.7 应急演练

（1）应急演练概述

- 了解应急演练的目的和原则；
- 掌握应急演练的类型和演练内容。

（2）应急演练计划

- 熟悉演练需求和演练范围的确定；

- 掌握演练计划的编制方法。

(3) 应急演练准备

- 掌握演练情景和流程设计的要点、演练工作方案、演练脚本、演练评估方案的编写方法；
- 熟悉演练现场规则的制订、演练参与人员的培训内容。

(4) 应急演练实施

- 熟悉预演方式和安全检查方法；
- 掌握应急演练实施的过程控制及要点。

(5) 应急演练评价与总结

- 熟悉现场点评、书面评估等应急演练评价方法；
- 掌握应急演练报告的编制。

4.4.8 应急处置及事后恢复

(1) 应急响应

- 熟悉应急响应的基本任务；
- 掌握事故报警、应急响应行动过程的基本要求；
- 掌握应急指挥与协调的职能分工、程序、方法。

(2) 应急处置现场控制与安排

- 熟悉现场控制与安排应遵循的基本原则；
- 掌握现场控制的基本方法；
- 掌握现场事态评估的内容及方法；
- 掌握现场应急处置安排的主要内容。

(3) 恢复与善后工作

- 了解恢复期间管理的重要性；
- 熟悉恢复期间的管理方式，以及各阶段应急工作的总结和评估重点；
- 掌握恢复过程中的重要事项。

4.4.9 应急现场常用个体防护与救助知识

（1）掌握常用个体防护装备的使用方法

（2）掌握常用个体防护知识

（3）熟悉现场应急医疗救护知识

（4）应急管理典型案例分析

- 了解典型事故应急管理的经验与教训。

4.5 政府部门危险化学品应急管理人员考核

4.5.1 基础知识考试

基础知识考试主要包括应急管理、化学品危险性基础知识、危险化学品应急处置、危险化学品应急防护与装备、典型危险化学品应急处置等内容，要求如下：

（1）应急管理

① 熟悉国家应急管理法规、应急管理体制、应急预案体系、应急运行机制、应急保障体系。

② 熟悉危险化学品应急管理工作的现状和管理重点。

（2）化学品危险性基础知识

① 熟悉化学品危险性分类和危险化学品识别。

② 熟悉化学品的物理、健康和环境危险特性及其事故类型。

（3）危险化学品应急处置

① 掌握危险化学品应急救援的基本任务、应急处置的基本程序和应急处置原则。

② 熟悉危险化学品泄漏事故应急处置原则。

③ 熟悉危险化学品火灾（爆炸）事故应急处置原则。

④ 熟悉各类危险化学品事故的基本处置方法。

⑤ 了解生产装置及工艺的特点、生产过程常见的事故类型

及特点、生产过程危险化学品事故的常见起因及导致的后果。

⑥ 了解生产过程危险化学品应急处置方法。

⑦ 了解危险化学品储存的安全要求。

⑧ 了解储存过程危险化学品事故的特点。

⑨ 了解储存过程危险化学品事故的常见起因及导致的后果。

⑩ 了解储存过程危险化学品应急处置方法。

⑪ 了解危险化学品运输的安全要求。

⑫ 了解危险化学品运输包装的安全要求。

⑬ 了解运输过程危险化学品事故特点及事故危害。

⑭ 了解运输过程危险化学品事故的常见起因及导致的后果。

⑮ 了解运输过程危险化学品应急处置方法。

(4) 危险化学品应急防护与装备

① 了解化学品毒性的分类、毒物侵入人体的途径及危害。

② 了解中毒急救要领、急救治疗的一般原则，熟悉常见毒物中毒急救措施和急救用药。

③ 了解危险化学品事故对应急救援人员的危害，熟悉个体防护装置的配备要求。

④ 了解化学烧伤、窒息性气体中毒的现场急救知识。

⑤ 了解在灭火抢险救援中自我防护的基本措施。

⑥ 了解个人防护装备与器材的种类、使用和维护保养。

⑦ 了解消防车的种类及其用途。

⑧ 了解涡喷消防车的工作原理、灭火优势、涡喷消防车在灭火救援中的应用。

⑨ 了解压缩空气泡沫消防车的基本原理、主要特点。

⑩ 了解泡沫灭火剂的种类，熟悉常用泡沫灭火剂的灭火原理和应用范围。

⑪ 了解干粉灭火剂的种类、灭火原理、应用范围。了解超细干粉灭火剂的灭火原理及优良性能。

⑫ 了解细水雾的成雾原理、灭火机理、适用范围和应用场所。

⑬ 了解消防水力排烟装备的特点及其应用。

（5）典型危险化学品应急处置

① 了解液化石油气的理化性质、危险特性及其事故处置方法。

② 了解液化天然气的理化性质、危险特性及其事故处置方法。

③ 了解液氨的理化性质、危险特性、中毒与急救及其事故处置方法。

④ 了解氯气的理化性质、危险特性、中毒与急救及其事故处置方法。

⑤ 了解常用异氰酸酯的理化性质、危险特性、中毒与急救及其事故处置方法。

⑥ 了解硫酸二甲酯的理化性质、危险特性、中毒与急救及其事故处置方法。

⑦ 了解氰化物的理化性质、危险特性、中毒与急救及其事故处置方法。

⑧ 了解电石的主要性质、危险特性及其事故处置方法。

⑨ 了解硝酸的理化性质、危险特性、中毒与急救及其事故处置方法。

⑩ 了解硫酸的理化性质、危险特性、中毒与急救及其事故处置方法。

⑪ 了解盐酸的理化性质、危险特性、中毒与急救及其事故处置方法。

⑫ 了解硫化氢的理化性质、危险特性、中毒与急救及其事故处置方法。

4.5.2 实际应用能力考核

实际应用能力考核要求如下：

能正确指挥、协调危险化学品应急救援工作。

能正确制定危险化学品应急救援方案。

能有效开展危险化学品应急救援工作。

4.5.3 再培训考核

再培训考核要求如下：

熟悉、掌握有关危险化学品安全生产、应急管理等方面的法律、法规、规章、标准和政策。

了解、熟悉危险化学品应急救援的新理论、新技术和新方法。

了解重大危险化学品事故应急救援典型案例的经验与教训。

4.6 危险化学品生产经营单位主要负责人、分管安全负责人和安全管理部门负责人考核

4.6.1 基础知识考试

基础知识考试主要包括应急管理、化学品危险性基础知识、危险化学品应急处置、危险化学品应急防护与装备、典型危险化学品应急处置等内容，要求如下：

(1) 应急管理

① 了解国家应急管理法规、应急管理体制、应急预案体系、应急运行机制、应急保障体系。

② 了解危险化学品应急管理工作的现状和管理重点。

(2) 化学品危险性基础知识

① 熟悉化学品危险性分类和危险化学品识别。

② 熟悉化学品的物理、健康和环境危险特性及其事故类型。

(3) 危险化学品应急处置

① 掌握危险化学品应急救援的基本任务、应急处置的基本

程序和应急处置原则。

② 熟悉危险化学品泄漏事故应急处置原则。

③ 熟悉危险化学品火灾(爆炸)事故应急处置原则。

④ 熟悉各类危险化学品事故的基本处置方法。

⑤ 熟悉生产装置及工艺的特点、生产过程常见的事故类型及特点、生产过程危险化学品事故的常见起因及导致的后果。

⑥ 熟悉生产过程危险化学品应急处置方法。

⑦ 熟悉危险化学品储存的安全要求。

⑧ 熟悉储存过程危险化学品事故的特点。

⑨ 熟悉储存过程危险化学品事故的常见起因及导致的后果。

⑩ 熟悉储存过程危险化学品应急处置方法。

⑪ 熟悉危险化学品运输的安全要求。

⑫ 熟悉危险化学品运输包装的安全要求。

⑬ 熟悉运输过程危险化学品事故特点及事故危害。

⑭ 熟悉运输过程危险化学品事故的常见起因及导致的后果。

⑮ 熟悉运输过程危险化学品应急处置方法。

(4) 危险化学品应急防护与装备

① 熟悉掌握化学品毒性的分类、毒物侵入人体的途径及危害。

② 熟悉中毒急救要领、急救治疗的一般原则，以及常见毒物中毒急救措施和急救用药。

③ 熟悉危险化学品事故对应急救援人员的危害，掌握个体防护装置的配备要求。

④ 熟悉化学烧伤、窒息性气体中毒的现场急救知识。

⑤ 掌握在灭火抢险救援中自我防护的基本措施。

⑥ 熟悉个人防护装备与器材的种类、使用和维护保养。

⑦ 了解消防车的种类及其用途。

⑧ 了解涡喷消防车的工作原理、灭火优势、涡喷消防车在灭火救援中的应用。

⑨ 了解压缩空气泡沫消防车的基本原理、主要特点。

⑩ 熟悉泡沫灭火剂的种类，熟悉常用泡沫灭火剂的灭火原理和应用范围。

⑪ 熟悉干粉灭火剂的种类、灭火原理、应用范围。了解超细干粉灭火剂的灭火原理及优良性能。

⑫ 了解细水雾的成雾原理、灭火机理、适用范围和应用场所。

⑬ 了解消防水力排烟装备的特点及其应用。

(5) 典型危险化学品应急处置

① 熟悉液化石油气的理化性质、危险特性及其事故处置方法。

② 熟悉液化天然气的理化性质、危险特性及其事故处置方法。

③ 熟悉液氨的理化性质、危险特性、中毒与急救及其事故处置方法。

④ 熟悉氯气的理化性质、危险特性、中毒与急救及其事故处置方法。

⑤ 熟悉常用异氰酸酯的理化性质、危险特性、中毒与急救及其事故处置方法。

⑥ 熟悉硫酸二甲酯的理化性质、危险特性、中毒与急救及其事故处置方法。

⑦ 熟悉氰化物的理化性质、危险特性、中毒与急救及其事故处置方法。

⑧ 熟悉电石的主要性质、危险特性及其事故处置方法。

⑨ 熟悉硝酸的理化性质、危险特性、中毒与急救及其事故处置方法。

⑩ 熟悉硫酸的理化性质、危险特性、中毒与急救及其事故处置方法。

⑪ 熟悉盐酸的理化性质、危险特性、中毒与急救及其事故处置方法。

⑫ 熟悉硫化氢的理化性质、危险特性、中毒与急救及其事故处置方法。

4.6.2 实际应用能力考核

实际应用能力考核要求如下：

能正确指挥、协调危险化学品应急救援工作。

能正确制定危险化学品应急救援方案。

能有效开展危险化学品应急救援工作。

4.6.3 再培训考核

再培训考核要求如下：

了解有关危险化学品安全生产、应急管理等方面的法律、法规、规章、标准和政策。

了解、熟悉危险化学品应急救援的新理论、新技术和新方法。

了解重大危险化学品事故应急救援典型案例的经验与教训。

4.7 危险化学品应急救援队伍负责人考核

4.7.1 基础知识考试

基础知识考试主要包括应急管理、化学品危险性基础知识、危险化学品应急处置、危险化学品应急防护与装备、典型危险化学品应急处置等内容，要求如下：

(1)应急管理

① 了解国家应急管理法规、应急管理体制、应急预案体系、应急运行机制、应急保障体系。

② 了解危险化学品应急管理工作的现状和管理重点。

(2) 化学品危险性基础知识

① 熟悉化学品危险性分类和危险化学品识别。

② 熟悉化学品的物理、健康和环境危险特性及其事故类型。

(3) 危险化学品应急处置

① 掌握危险化学品应急救援的基本任务、应急处置的基本程序和应急处置原则。

② 掌握危险化学品泄漏事故应急处置原则。

③ 掌握危险化学品火灾(爆炸)事故应急处置原则。

④ 掌握各类危险化学品事故的基本处置方法。

⑤ 熟悉生产装置及工艺的特点、生产过程常见的事故类型及特点、生产过程危险化学品事故的常见起因及导致的后果。

⑥ 掌握生产过程危险化学品应急处置方法。

⑦ 熟悉危险化学品储存的安全要求。

⑧ 熟悉储存过程危险化学品事故的特点。

⑨ 熟悉储存过程危险化学品事故的常见起因及导致的后果。

⑩ 掌握储存过程危险化学品应急处置方法。

⑪ 熟悉危险化学品运输的安全要求。

⑫ 熟悉危险化学品运输包装的安全要求。

⑬ 熟悉运输过程危险化学品事故特点及事故危害。

⑭ 熟悉运输过程危险化学品事故的常见起因及导致的后果。

⑮ 掌握运输过程危险化学品应急处置方法。

(4) 危险化学品应急防护与装备

① 熟悉化学品毒性的分类、毒物侵入人体的途径及危害。

② 熟悉中毒急救要领、急救治疗的一般原则，熟悉常见毒物中毒急救措施和急救用药。

③ 熟悉危险化学品事故对应急救援人员的危害，掌握个体防护装置的配备要求。

④ 熟悉化学烧伤、窒息性气体中毒的现场急救知识。

⑤ 掌握在灭火抢险救援中自我防护的基本措施。

⑥ 掌握个人防护装备与器材的使用和维护保养。

⑦ 熟悉消防车的种类及其用途。

⑧ 熟悉涡喷消防车的工作原理、灭火优势、涡喷消防车在灭火救援中的应用。

⑨ 熟悉压缩空气泡沫消防车的基本原理、主要特点。

⑩ 熟悉泡沫灭火剂的种类，熟悉常用泡沫灭火剂的灭火原理和应用范围。

⑪ 熟悉干粉灭火剂的种类、灭火原理、应用范围。了解超细干粉灭火剂的灭火原理及优良性能。

⑫ 熟悉细水雾的成雾原理、灭火机理、适用范围和应用场所。

⑬ 熟悉消防水力排烟装备的特点及其应用。

（5）典型危险化学品应急处置

① 熟悉液化石油气的理化性质、危险特性，掌握其事故处置方法。

② 熟悉液化天然气的理化性质、危险特性，掌握其事故处置方法。

③ 熟悉液氨的理化性质、危险特性、中毒与急救，掌握其事故处置方法。

④ 熟悉氯气的理化性质、危险特性、中毒与急救，掌握其事故处置方法。

⑤ 熟悉常用异氰酸酯的理化性质、危险特性、中毒与急救，掌握其事故处置方法。

⑥ 熟悉硫酸二甲酯的理化性质、危险特性、中毒与急救，掌握其事故处置方法。

⑦ 熟悉氰化物的理化性质、危险特性、中毒与急救，掌握其事故处置方法。

⑧ 熟悉电石的主要性质、危险特性，掌握其事故处置方法。

⑨ 熟悉硝酸的理化性质、危险特性、中毒与急救，掌握其事故处置方法。

⑩ 熟悉硫酸的理化性质、危险特性、中毒与急救，掌握其事故处置方法。

⑪ 熟悉盐酸的理化性质、危险特性、中毒与急救，掌握其事故处置方法。

⑫ 熟悉硫化氢的理化性质、危险特性、中毒与急救，掌握其事故处置方法。

4.7.2 实际应用能力考核

实际应用能力考核要求如下：

能正确指挥、协调危险化学品应急救援工作。

能正确制定危险化学品应急救援方案。

能有效开展危险化学品应急救援工作。

4.7.3 再培训考核

再培训考核要求如下：

了解有关危险化学品安全生产、应急管理等方面的法律、法规、规章、标准和政策。

熟悉、掌握危险化学品应急救援的新理论、新技术和新方法。

了解重大危险化学品事故应急救援典型案例的经验与教训。

附录

化学事故应急救援单位联系方式

1. 各地火警电话：119

2. 各地报警电话：110

3. 各地医疗急救电话：120

4. 国家安全生产监督管理总局化学品登记中心

   国家化学事故应急咨询电话：0532-83889090(24小时)

5. 国家中毒控制中心

   24小时热线电话：010-83132345，63131122

6. 国家中毒控制中心河南分中心(河南省职业病防治研究所)

   热线电话：0371-66959721，66967348

7. 国家中毒控制中心广东分中心(广东省职业病防治院)

   24小时热线电话：020-84198181

8. 国家中毒控制中心沈阳网络医院(沈阳市第九人民医院)

   24小时热线服务电话：024-25718880，25718881

9. 国家中毒控制中心徐州网络医院(徐州第三人民医院)

   热线电话：0516-83575037(日)，83770936(24小时)

10. 上海市中毒控制中心

    咨询电话：021-62951860，62758710-1720

参 考 文 献

[1] 邢娟娟. 企业重大事故应急管理与预案编制[M]. 北京：航空工业出版社，2005.

[2] 国家安全生产应急救援指挥中心. 危险化学品应急救援[M]. 北京：煤炭工业出版社，2008.

[3] 中国疾病预防控制中心. 最新实用危险化学品应急救援指南[M]. 北京：中国协和医科大学出版社，2003.

[4] 任树奎. 危险化学品常见事故与防范对策[M]. 北京：中国劳动社会保障出版社，2004.

[5] 方文林. 危险化学品基础管理[M]. 北京：中国石化出版社，2015.

[6] 方文林. 危险化学品法规标准[M]. 北京：中国石化出版社，2015.

[7] 方文林. 危险化学品应急处置[M]. 北京：中国石化出版社，2015.